Fritz Wirtz

DAS WIRTZ-LUFTSCHIFF

Ultraleichtes Bauen & Fliegen

Einblicke in die Zukunft

Verlag und Druck:

tredition GmbH

Halenreie 40-44

22359 Hamburg

978-3-7482-5896-4 (Paperback)

978-3-7482-5897-1 (Hardcover)

978-3-7482-5898-8 (e-Book)

Bibliografische Information der Deutschen Nationalbibliothek: Die Deutsche Nationalbibliothek verzeichnet diese Publikation in der Deutschen Nationalbibliografie; detaillierte bibliografische Daten sind im Internet über http://dnb.d-nb.de abrufbar.

für meine Enkel
Charlotte, Julius und Antoine

Ja, ich bin neugierig!

Ich bin Autodidakt, der sich alles, was er benötigt, zusammensucht und liest, alles praktisch ausprobiert und Modelle baut, um Funktionsweisen zu verstehen. Ich frage Fachleuten Löcher in den Bauch, bis ich in der Lage bin erfolgversprechende Ergebnisse vorzulegen.

Der Modellbau liegt mir im Blut. Seit ich acht Jahre alt war, habe ich mit meinem älteren Bruder Segelflugzeuge und Koggen gebaut, später Luftschiffmodelle wie die *Hindenburg.*

Ich sollte Priester werden und besuchte das *Ludgerianum* in Münster am Aasee. Als ich lieber Ingenieur werden wollte, streikte mein Vater und ich musste abbrechen. Auf dem zweiten Bildungsweg nutzte ich die Möglichkeit, in Krefeld ein Textilingenieursstudium zu absolvieren.

Da mich Chemie faszinierte, holte ich mir den Zugang zur Bibliothek der Uni Duisburg und las sämtliche Fachinformationen zu Kunststoffen und Solartechnik, Elektro-, Speicher- und Lasertechnik, Baustatik und Chemie – alles, was ich für den Luftschiffbau in Leichtbauweise brauchte.

Meine Neugier trieb mich auf viele Messen, so fand ich auf der Stoffmesse die Firma *Girmes* aus Krefeld. Sie wollten Kunstrasen herstellen und trennten das Gewebe mitten durch die Polfäden, die den grünen Kunstrasen darstellten. Sie brachten mich auf die Idee, es mit diesen technischen 3D-Geweben anders zu probieren, sie mit Hartschaum zu füllen, was besonders meinen Söhnen gefiel, die immer alle Stufen der Entwicklung begleiteten und später Patente anmeldeten.

Mein Großvater Ferdinand war im 1. Weltkrieg Kapitän auf einem Zerstörer und danach Oberbaumeister bei der *August Thyssen Hütte*. Er baute mit 3.500 Maurern die Hütte nach dem Krieg wieder neu auf und brachte mir in seinem Schrebergarten alles an technischem Grundwissen bei, was ich nur wissen wollte. Da er bereits in den 1940er-Jahren viel von *Bionik* sprach und mich Respekt vor den technischen und chemischen Lösungen der Natur lehrte, mir zeigte, wie effizient die Natur Probleme löste, kamen wir oft auf seine Vorliebe, das *Bauhauskonzept* zu sprechen, denn er liebte den sozialen Gedanken, der dahinter steckte. Sein Namensvetter Ferdinand Graf von Zeppelin wurde von ihm verehrt und oft erklärte er mir eine funktionierende Welt mit großen Luftschiffen, die sozialen Frieden und Entwicklung der ärmeren Völker nach sich ziehen würde. Als Marine-Kapitän im Ruhestand betrachtete er stets auch die militärischen Chancen. Er hasste den 2. Weltkrieg und hatte, nach seiner Auszeichnung 1919, abgedankt.

So war ich aus vielen Gründen begeistert, am Luftschiffkonzept zu arbeiten. Ich möchte meine Begeisterung und mein erlangtes Wissen den kommenden Generationen weitergeben und ihnen die Chancen und Notwendigkeiten aufzeigen. Wenn Sie – wenn Ihr mir alle helft, dann sollte ich die neuen StarrLuftschiffe nach meinen Visionen noch erleben dürfen.

Aus den hochfesten 3D-Wirtzplatten habe ich ein Luftschiff-System konzipiert, das ich bereits in meinem Buch *Die Nase voll – Technik überwindet Armut* beschrieben habe. In diesem Buch wird nun allen Luftschiff-Fans das Modell ausführlich mit vielen Bildern, Zeichnungen, Skizzen und technischen Details vorgestellt.

Fritz Wirtz

Inhaltsverzeichnis

1. Außenhaut

Die Außenhaut wurde an zwei Stellen entfernt, um die Zellen, die eine Länge von 96 Metern haben, zu erklären. Im Vordergrund sehen Sie den Zeppelin NT aus Friedrichshafen im Maßstab 1:200. In der Länge musste der Maßstab geändert werden, sodass bei dem Modell eine Zelle nur 22 cm lang ist – im richtigen Maßstab 1:200 wäre sie 48 cm lang. Doch dann würde das Modell unhandlich und über 4 m lang. So sind die Modell-Zellkanten des Sechsecks nur 40 mm in der Breite der Zelle, statt 45 mm. Geht man genau auf den Maßstab 1:200 ein, hätte das Modell mehr Fülle. Das hier dargestellte Modell zeigt in jeder Zeile 18 Zellen und ist neun Zeilen lang, wobei die Kopf- und Fußzeile durch das Verschlanken weniger Zellen hat. Kopf und Fuß haben hinzu einen kleinen Überbau für die Zuspitzung. Jede Helium-Zelle hat einen Auftrieb von 4,15 t.

2. Die Berechnung der Zelle

Die Zelle hat in der Breite eine Kantenlänge von 9 m und zwischen den Sechseck-Pyramiden 80 m Länge. Die Pyramiden haben jeweils 8 m, somit von Stern zu Stern 96 m. Bei einem Heliumvolumen von 18.402 m³, während die Hülle ein Gewicht von 14,2 t hat, bleibt ein Auftrieb von 4,2–5 t pro Zelle. Ein wenig Spielraum ist in der Berechnung, da die Luft am Boden ein Gewicht von 1,293 kg/m³ und Helium ein Gewicht von nur 0,179 kg/m³ hat. Multipliziert man die 18.402 m3 damit und zieht das Gewicht der Hülle ab, so bleibt ein Auftrieb von etwas über 6 t. Doch sobald man nur einen Überzug von 200 g pro m² rechnet, kostet eine solche Oberflächenveredlung gleich eine Tonne Zusatzgewicht. Das ergibt bei dem Modell mit 142 Zellen, von denen 16 als Lastzellen wegfallen, einen Auftrieb von 588,7 t. Mit diesem Auftrieb schafft man es, viel Technik, Menschen und Werkzeuge oder Autos zu transportieren.

3. Das Wabenkonzept

Da jeweils zwei Außenwände zueinander stehen, ergibt das Wabenkonzept jeweils eine Festigkeit von vier hochfesten textilen Flächen mit einem 20 cm dickem Textil-PUR-Hartschaum-Gerüst, mit 20.000 Polfäden pro Quadratmeter, die diese Konstruktion festigen. Die Konstruktion hat eine höhere Festigkeit als ein Aluminiumgerüst mit Aluminiumblech-Beplankung, da sämtliche Kräfte in Zuglasten umgewandelt werden, ähnlich einer Hängebrücke. Der textile Anteil hat zusammen mit dem druckfesten PU-Schaum neben der hohen Stabilität den Vorteil der guten Isolation. Da die meisten Flächen eine zweite daneben haben sind das stets 20 cm Hartschaum/Textil.

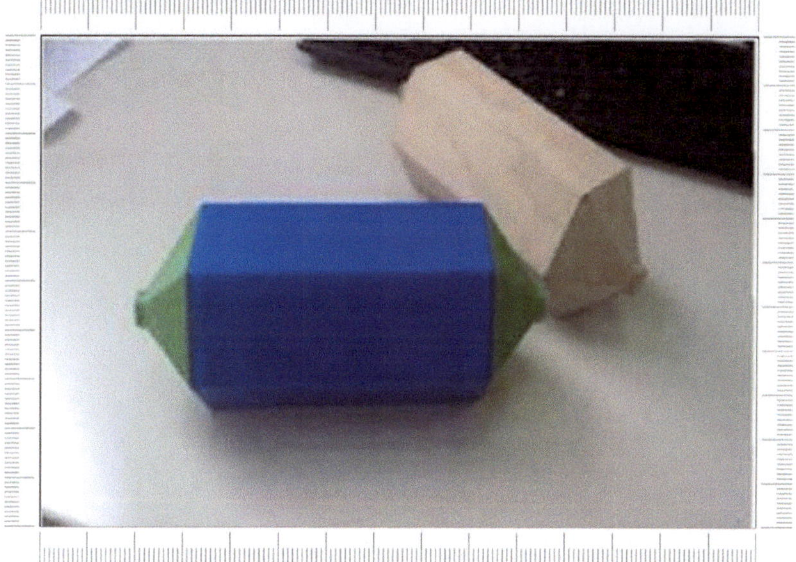

4. Die Außenhaut

Die Außenhaut umspannt das ganze Gebilde und ist ebenfalls eine hochfeste zweischichtige Matte, die einen weicheren und leichteren PU-Schaum in der Stärke von 40 mm hat. Die Oberfläche fühlt sich gelackt an, darunter ein Zweiwandgewebe mit einem Aramidanteil von 20 %, das als Netz, ähnlich einem Glencheck-Muster, eingewebt ist und neben der achtfachen Festigkeit dem Stoff eine höhere Steifigkeit verleiht.

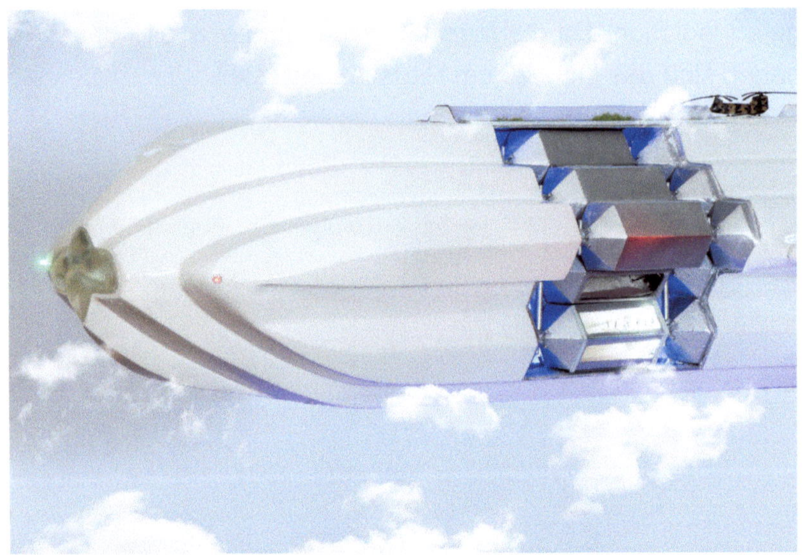

5. Die Einzelzellen

Die Einzelzellen sind jeweils ein kleiner Zeppelin und können durch wenige ergänzende Elemente, wie z. B. eine Gondel, ähnlich dem *Zeppelin NT* aus Friedrichshafen, leicht komplettiert werden, um selbstständig zu fliegen. Doch im Gegensatz zum Zeppelin soll das *Wirtz-Luftschiff* nur einen Düsenantrieb ohne Getriebe nutzen.

6. Das Triebwerk

Bei den kleinen Luftschiffen ist ein Düsentriebwerk im Mittelpunkt geplant. In einem Kohlefaserrohr dehnt die Abwärme die Heliummoleküle. So wird weniger Helium benötigt. Druckluft aus dem Düsennebenstrom wird durch eingeschäumte Schläuche zu kleinen elektrisch zu öffnenden Düsen an den Außenkanten gelenkt, um einen sicheren und stabilen Flug zu gewährleisten. Es kann von Platzwarten unabhängig gelandet und gestartet werden. So ist das kleine Luftschiff so beweglich wie die große Schwester.

7. Druckluft und lenkbarer Düsenstrahl

Da ein großes Luftschiff, ähnlich einem Riesencontainerschiff, sehr schwer zu manövrieren ist, muss an vielen Stellen der Außenhaut ein Luftdruck bzw. Rückstoß erfolgen. Bei einem Luftschiff kann durch innen liegende große Düsenaggregate der Luftstrom unterschiedlich verwendet werden.

Sie sehen am Modell vier übergroße, d. h. 60 Meter lange Außendüsen an ganz kurzen Tragflächen, die beweglich sind und einzeln gesteuert werden können. Diese Hauptantriebe treiben so das Luftschiff an und lenken es auf- und abwärts. Doch sie sind auch mit unterschiedlichem Druck zu fahren, um differenziert Kraft für die Flugstabilität zu nutzen.

Die Innentriebwerke werden für die ganz individuelle Steuerung genutzt, sodass das Luftschiff, ganz sensibel auf jede Situation reagierend, gesteuert werden kann. Es könnte sogar tanzen, wenn der Steuermann es wollte. Warum? Damit es nicht, wie früher bei den amerikanischen Luftschiffen oft zerstörerisch geschehen, durch Luftwirbel zerrissen wird.

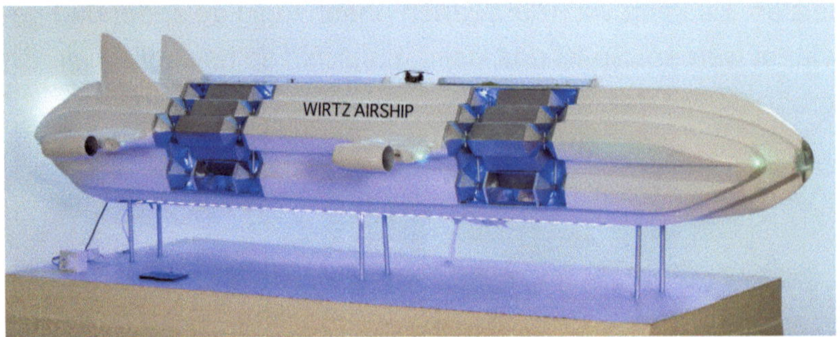

Modell auf der 20cm dicken Wirtzplatte

8. Steuerung

An den *Wirtz-Luftschiffen* sind für die Steuerung an vielen Stellen elektrisch zu öffnende kleine Düsen in der unteren und oberen Schalenhälfte an den Längskanten installiert. So erhalten selbst kilometerlange Luftschiffen hohe Flugstabilität – das im Modell dargestellte Luftschiff ist z. B. rund 870 m lang.

9. Kilometerlange Luftschiffe

Es ist zwar viel länger als die bis heute gebauten und zur Zeit in Planung befindlichen Luftschiffe, doch die Vision geht weiter, denn es werden unterschiedlich dimensionierte Luftschiffe benötigt, um die Vielfalt der Aufgaben abzudecken. *Wirtz-Luftschiffe* bestehen aus vielen Elementen, die in einem Luftschiff-Bauhof deponiert werden. Erst bei Kenntnis der zu lösenden Aufgabe werden diese in wenigen Stunden zusammengefügt. Die Luftschiffe sind computergeneriert und entsprechend vorbereitet, können aber noch geringfügig abgeändert oder ergänzt werden. Innerhalb von 3–4 Stunden steht das neue Luftschiff dann zur Verfügung.

══ Bundesrepublik Deutschland ══

Urkunde

über die Erteilung des
Patents Nr. 10 2015 110 536

Bezeichnung:
Luftschiff

IPC:
B64B 1/14

Inhaber/Inhaberin:
Wirtz, Christian, Dr., 47199 Duisburg, DE
Wirtz, Markus, Dr. , 47800 Krefeld, DE

Erfinder/Erfinderin:
Wirtz, Fritz, 47199 Duisburg, DE

Tag der Anmeldung:
30.06.2015

Tag der Veröffentlichung der Patenterteilung:
17.01.2019

Die Präsidentin des Deutschen Patent- und Markenamts

Cornelia Rudloff-Schäffer

München, 17.01.2019

(19) 
Deutsches
Patent- und Markenamt

(10) **DE 10 2015 110 536 B4** 2019.01.17

(12)

Patentschrift

(21) Aktenzeichen: **10 2015 110 536.5**
(22) Anmeldetag: **30.06.2015**
(43) Offenlegungstag: **05.01.2017**
(45) Veröffentlichungstag
der Patenterteilung: **17.01.2019**

(51) Int Cl.:   **_B64B 1/14_** (2006.01)

(73) Patentinhaber:
    Wirtz, Christian, Dr., 47199 Duisburg, DE; Wirtz, Markus, Dr., 47800 Krefeld, DE

(74) Vertreter:
    ZENZ Patentanwälte Partnerschaft mbB, 45128 Essen, DE

(72) Erfinder:
    Wirtz, Fritz, 47199 Duisburg, DE

(56) Ermittelter Stand der Technik:

DE	214 858	A
GB	165 607	A
US	6 527 223	B1
US	9 266 597	B1
US	2006 / 0 157 617	A1
US	2007 / 0 001 053	A1
US	5 071 090	A
US	1 390 745	A
WO	2013 / 060 455	A1

(54) Bezeichnung: **Luftschiff**

(57) Hauptanspruch: Luftschiff mit wenigstens einer Schiffzelle (1), welche zumindest zum Teil als Gaszelle (2) ausgebildet ist, wobei die wenigstens eine Schiffzelle (1) zylinderförmig ausgebildet ist und einen sechseckigen Querschnitt aufweist, wobei das Material der formstabilen Wandung der wenigstens einen Schiffzelle (1) ein textiles Mehrwandgewebe und ein zwischen den Wänden des Mehrwandgewebes angeordnetes geblähtes Material umfasst, und wobei auf der äußeren Seite oder auf der inneren Seite oder zwischen den Wänden des Mehrwandgewebes eine Schicht hoher Luftdichtheit angeordnet ist.

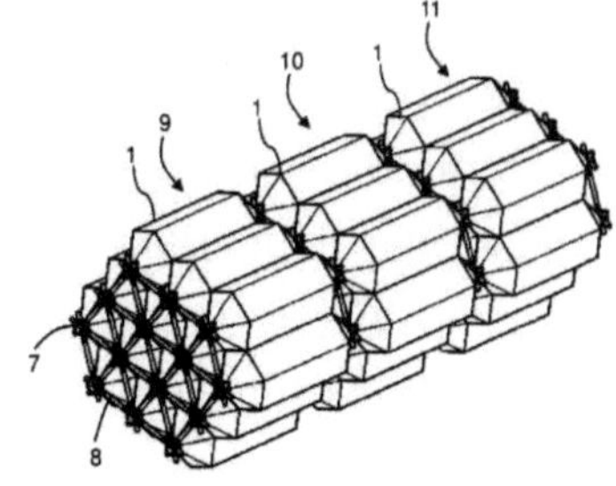

10. Solarenergie

Da das Luftschiff CO²-frei zu jedem Punkt der Erde gelangen soll, wird Sonnenlicht zur Energiegewinnung genutzt. Aus Sonnenlicht wird elektrolytisch Wasserstoff, Sauerstoff und Strom gewonnen. Diese Energiequellen treiben die Elektromotoren und Düsentriebwerke. Die Düsen haben außer Wasserdampf keine Emissionen. Es wird also nur mit der Kraft aus Sonnenlicht und Wasser geflogen.

Sollten Sie diese Einschätzung allzu skeptisch betrachten, so betrachten Sie atomgetriebene Unterseeboote, die jahrelang in den Weltmeeren unterwegs sind und nur dann auftauchen, wenn sie Nahrung für die Seeleute brauchen. Das Überleben schafft die Elektrolyse, bei der der benötigte Sauerstoff generiert wird. Diese Lösungen mussten nicht erst erfunden werden, es gibt sie seit Langem.

11. Wirkungsweise der Düsen

Die langen Düsen haben im vorderen Teil Elektroantriebe und verdichten gleichzeitig die Luft. Nur als Elektroantrieb bringen sie einen Vortrieb der Luftschiffe bis ca. 140 km/h. Mit den Düsenantrieben beschleunigen die Luftschiffe auf über 400 km/h. Diese Technologie wird ergänzt durch Druckbehälter, die Pressluft zur Verfügung halten, für die kleinen Düsen am Rumpf. Hierdurch kann das Luftschiff auch ohne Motorkraft einige Zeit betrieben werden, sodass ein nächtlicher Anflug ohne Motorenlärm möglich wird. Das Luftschiff kann sich des Nachts in eine Stadt niederlassen, ent- und beladen werden und leise wieder starten.

12. Funktionen

Das Modell zeigt einige Möglichkeiten der Nutzung. Oben ist z. B. eine Mulde durch die Zellenform und Anordnung, die unterschiedlich genutzt werden kann, dargestellt im einen Teil für den Skisport als Winterlandschaft, und im anderen als Bade- und Sommerlandschaft, zum Schwimmen und Spazieren gehen, zum Flirten und Entspannen. Dann ist ein Hotel gezeigt mit einem Aufzug darunter. Restaurants, Shoppingcenter, Discos etc. kann man sich leicht vorstellen, wenn es um Urlaub geht.

13. Militärischer Einsatz

Flugzeuge können auf einer verkürzten Startbahn aus eigener Kraft starten und landen. Die Luftschiffe können als Ordnungshüter über dem Jetstream fliegen/fahren, mit starkem Laser ausgestattet, Kampfjets beherbergen und Kriegsgerät am Boden zerstören, wegschmelzen, um einem Aggressor Grenzen

zu setzen. Hierdurch werden Agressoren gehindert, über ange-
häuftes Kriegs- und Waffenarsenal ihre und andere Bewohner
zu attackieren, meist aus Gründen des Größenwahns oder eth-
nischen Gründen.

Ein starker Laser, wie bereits von den Amerikanern geplant
kann im Luftschiff die Sicherheit verstärken und in Kriegsge-
schehen am Boden eingreifen. Ebenfalls können Raketen, noch
über Feindesland eliminiert werden.

Ein Hubschrauber-Landeplatz auf dem Rücken weist auf die
möglichen Aktionen hin.

14. Servicecenter für viele Branchen

An der Spitze befindet sich die Kapitäns- und Kommandokan-
zel, von dort wird das ganze Schiff über Computer überwacht
und gesteuert. Die meisten Aufgaben werden automatisch erle-
digt, wie das Betätigen der vielen seitlichen kleinen Düsen, das
Beobachten der Flugruhe des Schiffes oder das Drehen um die
eigene Achse.

Die Rille auf dem Rücken kann jedoch auch für die Höhenflüge
ausgestattet werden, indem dort ein langer Schlauchballon, ähnlich einem Airbag installiert wird, der sich heliumgefüllt aufbläht
und über die gesamte Luftschifflänge den Auftrieb über den Jetstream bis auf 20.000 m Höhe ermöglicht.

Da oben ist das Luftmolekül so groß, dass die geringe Dichte
die Geschwindigkeit nicht beeinträchtigt. Das ist wichtig, wenn

Container über weite Distanzen befördert werden. Die Container sollten jedoch auch aus den leichten und stabilen *Wirtz-Platten* bestehen, denn sie wiegen 1,5 t weniger als Stahlcontainer. Das zeigt, wieviel durch Leichtbau an Energie gespart werden kann. In dieser Höhe sind die Wege gerader, da keine Umwege mehr geflogen werden müssen. Dazu kommt die Geschwindigkeit die bis zehnmal größer ist als bei Handelsschiffen.

15. Umweltfreundlich und spannend

Besonders wichtig: Luftschiffe fahren ohne Emissionen. So wird das klimaneutrale Transportieren aller Fluggäste und Güter das Weltklima maßgeblich verbessern. Die Geschwindigkeit von 400 km/h wird von den Fluggästen ebenfalls schnell akzeptiert, da man viel Abwechslung im Luftschiff vorfindet, nicht brav auf dem Platz bleiben muss. Passagiere können sich sportlich betätigen und die Vorzüge eines großen Schiffs genießen.

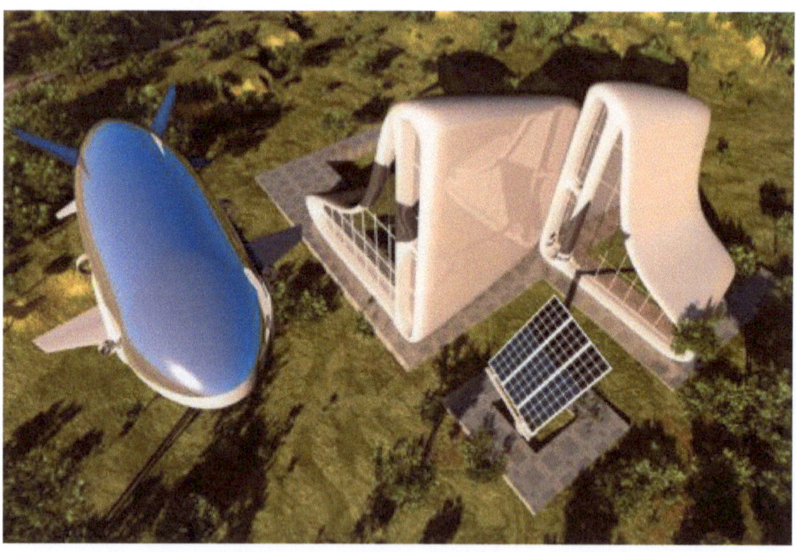

Die Fahrt zum Flughafen kann dezentral durchgeführt werden, denn das Luftschiff benötigt kein Rollfeld und die Infrastruktur eines Flughafens ist im Luftschiff integriert. Die Anfahrt ist zeitsparend unter Umgehung des Stadtverkehrs möglich und Passagiere können das Auto gleich mitnehmen. Durch das Zusammenfügen der Einzelelemente kann das Luftschiff stets eine für die Aufgabe günstige Gestalt bekommen, denn als technisches Werkzeug oder fliegende Fabrik wird genau auf diese Belange eingegangen. Als Hotel ist es ähnlich eines Luxus-Kreuzfahrtschiffs.

16. Die Technologie macht den Unterschied

Diese Technologie-Gesamtleistung schafft man nur mit großen Luftschiffen.
Die Auslegung der Luftschiffe als Werkzeuge für viele Weltbedürfnisse umfassen viele Felder. Nehmen wir die Reaktor-Katastrophe in Fukushima: Hier hätte eine Riesenhaube die Stadt Tokio vor einer Verstrahlung schützen und den 30 Millionen Menschen Ruhe und Sicherheit gewährleisten können. Es gibt weltweit rund 440 AKWs in die Billionen investiert wurden. Für den Schutz der Menschen bei einer Reaktorkatastrophe gibt es jedoch kein wirksames Werkzeug. Das Luftschiff kann eine Mannschaft von Spezialisten plus großem Gerät mit Saugern bis hin zu kompletter Demontage des AKWs an Bord haben, die den Reaktor sogar in Form von in kleine Stücke eingegossener Teile entsorgen kann.
Wissenschaftler leiten und trainieren Mannschaften an Bord, so dass es zur Routine wird, ein AKW im Ernstfall oder aus Altersgründen zu schützen oder zu entfernen.

17. Schutz vor Kernenergie-Katastrophen

Der theoretische volkswirtschaftliche Gesamtschaden eines SuperGAUs in Deutschland würde sich auf 5.000 Milliarden Euro belaufen, so das Bundeswirtschaftsministerium. Bei einem Unfall im AKW-Krümmel/Elbe müssten je nach Windrichtung ca. 1,2 Millionen Menschen evakuiert werden. 40.000 bis 110.000 Menschen würden an Krebs erkranken und nach 50 Jahren wären zwei Drittel der Stadt Hamburg noch unbewohnbar. Weltweit sind 438 Reaktoren in 31 Ländern mit einer Leistung von 379 Gigawatt in Betrieb, 67 befinden sich noch im Bau (Stand Juni 2015).

18. Luftschiff als Katastrophenschutz

Ein hochgerüstetes Luftschiff ist für Katastrophen nur eine winzige Investition und würde helfen, den möglichen Schaden stark zu minimieren. Ein weltweites Bereithalten von Spezialteams wäre z. B. eine große Sicherheit für sämtliche AKW-Anrainer in der ganzen Welt.
Auch Waldbrände sind jährlich für viele Regionen ein Problem. Feuerschutz-Luftschiffe können in wenigen Stunden zusammengekoppelt und schnell zum Einsatzort gebracht werden. U. a. Amerika zeigt großes Interesse an Luftschiffen. Eine Milliarde Dollar wurden von der Obama-Regierung in Luftschiffvisionen investiert.

Große Risiken bzw. Schäden können für Menschen und Siedlungen verhindert werden, das spart auch bei den Versicherungen. CO² gelangt dabei nicht in die Umwelt, ein großer Brocken in der jährlichen Schadstoffbilanz des CO² und weiterer Stickoxide.

Sieht man in die Statistik, so wird die Katastrophenbekämpfung durch Großluftschiffe sinnvoll.
Der Waldbrand 1997 in Indonesien verursachte einen volkswirtschaftlichen Schaden von über acht Milliarden US-Dollar. Der kalifornische Waldbrand vom 17.8.–25.10.2013 vernichtete 1.010 km² Wald und bedrohte die Wasserversorgung von San Francisco. In Nordkalifornien wurden im September. 2015 465 km² Wald und 1.000 Häuser zerstört, 1.200 Menschen mussten flüchten und verloren alles.
Trotz des Einsatzes von 11.000 Feuerwehrleuten breiten sich die Brände weiter aus, derzeit zwölf größere (Sept.2015).
6. März 2009 in Australien, Buschfeuer in Victoria, 4.300 km² und forderte 173 Menschenleben. Das sind nur einige von vielen, auch in Europa und Russland könnte ich weiter Großbrände anführen.

Bei Katastrophen wie Überschwemmungen, Erdbeben etc., die oft ganze Landstriche verwüsten, könnten mit betroffenen Gebiete mit großen Luftschiffen schnellstens versorgt werden. Denkbar wäre z. B. ein 1000-Betten-Luftschiff mit Hilfskräften und Ärzten, Kleiderkammern, Räumwerkzeugen etc., das schnell auch in unzugänglichen Gegenden eingesetzt werden könnte. Die Evakuierung der Flutopfer in Mosambique wäre damit z. B. wesentlich einfacher, als die derzeitige land- und hubschraubergestützte Versorgung.

19. Wirtz-Häuser

Die erforderlichen neuen *Häuser* sollten aus *Wirtz-Platten* hergestellt werden. Es werden keine Heizmittel benötigt. Die Häuser liefern sogar Strom für die Hausgeräte, sind fast autonom und dazu superleicht. Sie wiegen nur drei bis fünf Prozent der heute gängigen Baumaterialien. Man kann die Häuser an Gleitpfählen befestigen, damit sie bei Hochwasser hochrutschen, wie z. B. in Gebieten, in denen Überschwemmungen regelmäßig auftreten: Bangladesch steht laufend unter Wasser, es hat keine Dämme zum Meer.

20. Das Konstruktionsprinzip der Wirtz-Luftschiffe

Die Zelle:

In der Abbildung erkennen Sie den bionischen Ansatz der Konstruktion einer Bienenwabe, sie hat die günstigste Statik für große Baukörper. Bei dieser Form addieren sich die Festigkeitswerte an den zusammenlaufenden Flächen des Sechsecks zu einer natürlichen einfachen Statik mit großer Wirkung für die Gesamtstruktur von Riesenkörpern mit großer Ausdehnung.

Die Enden und Kupplungen sind aus gewickelten, dicken Kohlefasern, ebenfalls superleicht gestalteten Elementen, die die Tragkräfte und Lasten gegeneinander ausgleichen. Die eine Zelle wird als Lastzelle für die unterschiedlichsten Aufgaben genutzt, die heliumgefüllten Zellen drum herum dienen dem Auftrieb. So kommt dem Kupplungselement große Bedeutung zu. Der große Durchmesser von ca. 160 cm ermöglicht es, Leitungen unterzubringen und den Zugang zu jeder Zelle. Im Modell blau ausgeleuchtet. Bei der Betrachtung des Modells muss man sich die tatsächlichen Maße bewusst machen, denn ein 6–8 mm Röhrchen soll ca. 160 cm Durchmesser darstellen.

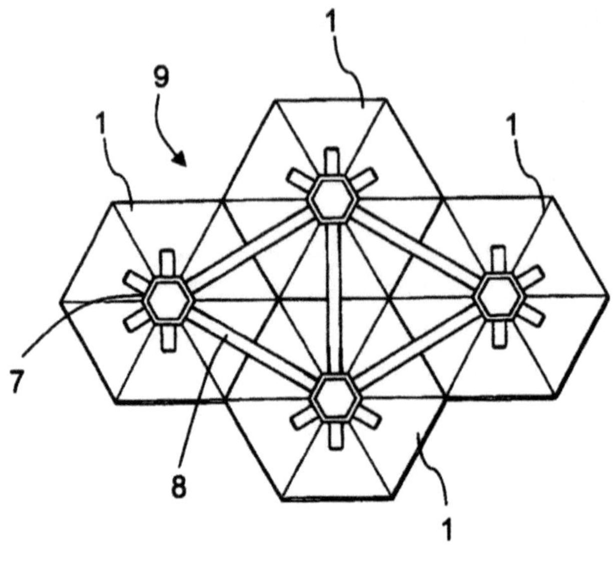

Fig.6

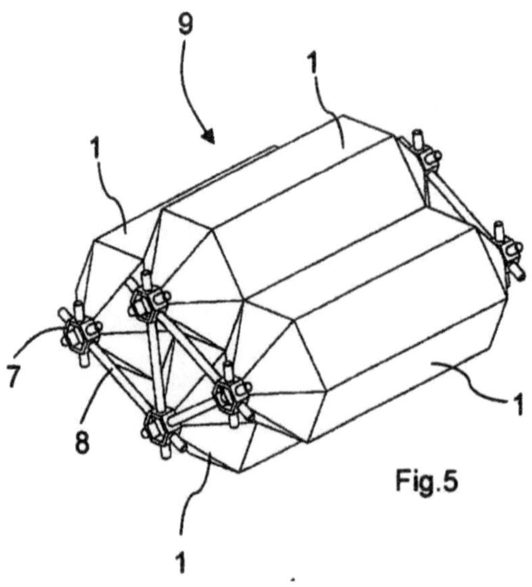

Fig.5

Die Mittelpunktsterne sind der Zugang zum Zellinnern, für Ventile, Vakuumpumpen, Heizungen etc., und natürlich für Monteure. Hier können ebenso Aufzüge installiert werden. So eignet sich das System selbst für den tragenden Unterbau einer kleinen schwebenden Stadt in der unteren Stratosphärenschicht, als Flughafen für den Weltraum in 30.000 Meter Höhe. Oder als schwebende Flughäfen auf 7–8.000 Meter Höhe, die über die Magnettechnik mit verkürzten Landebahnen die Emissionen des Fluglärms und der CO_2-Belastung aus den Ballungsräumen nimmt. Denn die größte Belastung entsteht durch das Ab- und Aufsteigen der Flugzeuge. Hier kann durch Groß-Luftschiffe als Flughäfen eine neue Infrastruktur gestaltet werden.

Der Parallelmotor, genutzt von den Thyssen-Ingenieuren für die Magnetschwebebahn zeigt, man kann diese Magnet-Technologie auch als Rollbahnverkürzung nutzen, ebenfalls als Katapult für den Start der Flugzeuge. Das gilt ebenso beim Weltraum-Flughafen, hier bringt die Startrampe enorme Energieeinsparung für die Flugkörper, sodass sie weniger Tankvolumen benötigen, was wiederum Treibstoff an Bord spart und den Starttakt verkürzt. Denn die dichte Atmosphäre kostet das meiste Startgeld, die meiste Energie, solange man vom Erdboden starten muss. Aus großer Höhe verbilligt sich die Aufgabe enorm. Die Flughafenhöhe bringt darüber hinaus die Forschung auf vielen Gebieten weiter und fordert ein Institut über den Wolken geradezu heraus.

Einzeller-Luftschiff

Dieses wird entweder als Einzelzelle mit einer kleinen Gondel, wie beim *Zeppelin NT* aus Friedrichshafen oder England gestaltet, oder mit einem flachen Unterbau in der Verlängerung der Seitenlinien, um eine geräumige Wohnung plus Cockpit ähnlich eines Wohnwagens zu gestalten, für individuelles Reisen. Jedoch werden wir nur eine Antriebsdüse in den Zellmittelpunkt konzipieren, wobei kleine Düsen an den Längskanten das Manövrieren, wie beim mehrzelligen Luftschiff, unabhängig machen. Dazu eine kleine Vakuumpumpe zum Heliumverdichten, um das Helium in Druckflaschen zu speichern. Die Düse im Mittelpunkt der Zelle bringt Wärme mit, das bedeutet eine Ausdehnung der Heliummoleküle, sodass weniger Helium für den Auftrieb benötigt wird.

21. Kleiner Preis – hohe Profite

Diese Version des Luftschiffs wird einen großen Markt im Freizeitsport ausmachen, denn in der bisherigen Kalkulation werden diese für unter fünf Millionen Euro möglich sein, im Gegensatz zum *Zeppelin NT*, der über 15 Millionen kostet – bei gleicher Leistung (12 Fluggäste plus zwei Piloten).

Das gilt auch für den Schiffsbau im Allgemeinen.

Zum Beispiel wartet ein Katamaran-Hersteller an der Weser auf die *WirtzPlatte*. Er meint: »Ich spare durch den Bau ohne Negativform circa 30 Prozent der Bauzeit und ein Drittel der Gesamtkosten. Dazu habe ich eine bessere Isolation und kann unzählige Versteifungen weglassen, durch die Polfäden in der Wandung, und mein Boot wird um ein Viertel leichter, das wiederum macht es schneller. Kommen Sie möglichst bald in den Markt, wir warten dringlich.«

Die *Starr-Luftschiffe* von Zeppelin hatten so großen Erfolg, weil sie nicht labil durch die weiche Hülle waren. Das Wirtz-Konzept nimmt diese alte Erkenntnis auf und setzt sie neu um. Statt Aluminiumgerüsten und Drahtverspannungen wird die gesamte Hülle aus hochfesten *3D-Wirtz-Platten* gebaut.

Diese kleinen Luftschiffe sind sehr individuell, ähnlich der Klasse eleganter Luxusschiffe. Wie bei den Sportschiffen wird es bald eine ganze Industrie der kleinen Luftschiffe geben, die dann die *Wirtz-Platten* oder *-Zellen* verarbeiten und damit Geld für die Weiterentwicklung der Großluftschiffe bringen. Da alles voneinander abhängt, möchte ich hier kurz die Bauplatte, unseren ganzen Stolz vorstellen, denn wir beginnen mit der Produktion.

22. Die Basis-Wirtz-Platte

Diese Platte wiegt pro Kubikmeter nur 30 kg, das bedeutet, eine Außenhauswand von 20 cm Dicke hat bei einer Größe von 2,50x2 m nur 30 kg Gewicht und ist belastbar wie eine normale Holzwand. Bedenken Sie, dass das leichteste Holz ein Raumgewicht von 150–250 kg/m³ hat.

Die *Wirtz-Platte* besteht aus einem sogenannten Zweiwand-Gewebe. Das bedeutet, die zwei Außengewebe werden in einem Arbeitsgang gewebt. Dazu werden die Abstandsfäden (Polfäden) in die beiden Außenflächen fest eingewoben. So entsteht eine kraftschlüssige Verbindung.

Wie bereits im Vorwort erklärt, benötigte ich das Zweiwandgewebe und suchte nach der Auflösung der *Girmes Werke*
Ersatz und fand den Webmeister von Girmes, Herbert Fenkes
in der Nähe. Er hatte sich unter dem Namen *Pile Fabrics*
selbstständig gemacht und half mir erheblich. Herbert Fenkes
zeigte sich von der ersten Begegnung 2004 an hilfsbereit,
großherzig und stellte mir viele Musterstücke des technischen
Zweiwandgewebes zur Verfügung. Die gesamte Plattenent-
wicklung hätte ich ohne ihn nie geschafft. Selbst ein Hybridgarn aus Aramid/Polyester hat er für meine Versuche verwebt,
was einen sehr großen Aufwand bedeutet, und den Stoff mir
kostenlos zur Verfügung gestellt, wofür ich ihm sehr dankbar
bin.

Die WIRTZ Platte, eine Sandwichkonstruktion aus einem Hartschaumkern und kraftschlüssig durch hochfeste Fasern verbundene Deckschichten

Prinzip WIRTZ Platte

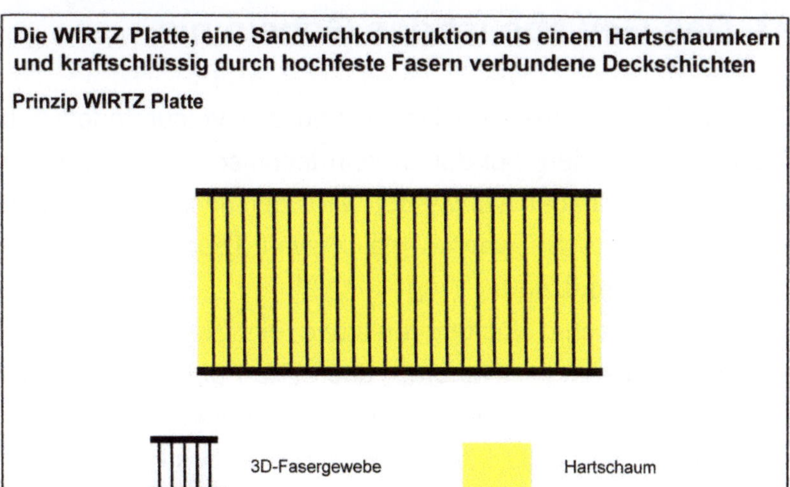

Verbesserung der mechanischen Eigenschaften durch verbundene Deckschichten zu relativ geringen Herstellkosten

Prinzipielle Alleinstellungsmerkmale der WIRTZ Platte

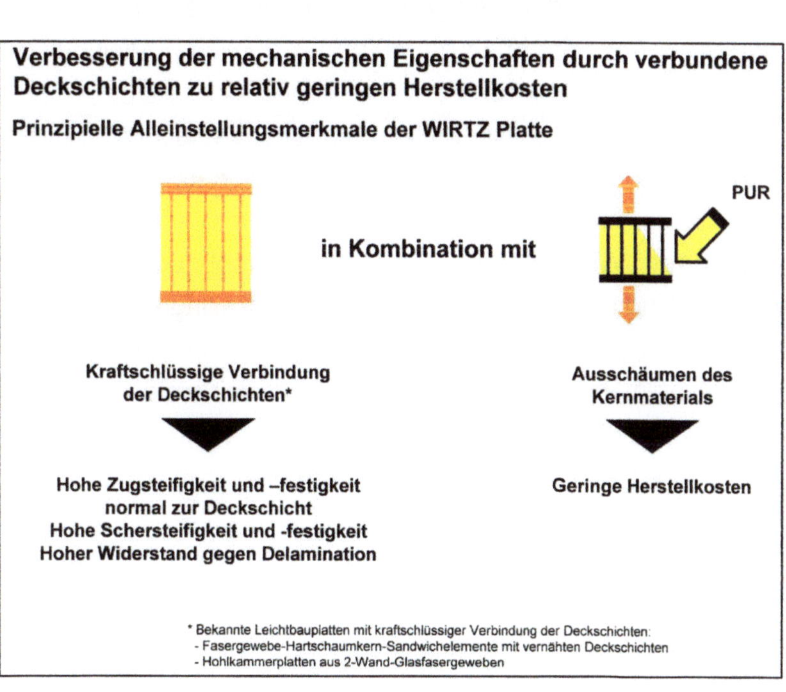

* Bekannte Leichtbauplatten mit kraftschlüssiger Verbindung der Deckschichten:
- Fasergewebe-Hartschaumkern-Sandwichelemente mit vernähten Deckschichten
- Hohlkammerplatten aus 2-Wand-Glasfasergeweben

23. Das Gewebe ist das Geheimnis

Diese Webart hat man zur Herstellung von Velourstoffen und Teppichen erfunden, bei denen kein technischer, sondern ein flauschiger Wollfaden verwendet wird, der nach dem Weben durchtrennt wird. So werden gleich zwei Teppiche in einem Webvorgang produziert.

Für die technische Nutzung entstand ein Zweiwandgewebe aus hochfesten Textilfasern, das *Pile-Fabrics-Zweiwand-Gewebe*. Bei der Webstuhleinstellung kann man die Fadenanordnung und auch die Länge der Polfäden bestimmen, aber auch unterschiedliche Garne in dem Gewebe anordnen. Hier ist die Kreativität der Designer und Ingenieure gefragt, neue technische Anwendungen mit außergewöhnlichen Visionen zu entdecken und zu gestalten.

Es entstand die Idee, diese Gewebe mit superleichtem Material zu füllen. Bei Versuchen stellte sich dann Polyuretan-Hartschaum als beste Füllung heraus. Daraus entstanden die patentierten Wirtz-Platten, die extrem stabil und belastbar sind. Dr. Endner, Chemiker bei *Lackfa* in Rellingen, hat lange viele Mischungen PU-Schaum definiert und unzählige Versuche für mein Projekt probiert, letztlich mit mir viele Platten im Labor für ein Musterhaus gefertigt. Danke an ihn, es hat funktioniert, das Haus steht seit vielen Jahren.

24. Stabilität hat viele Väter

Zuerst kamen die hochfesten Fäden aus Synthetischem Material, z. B. Polyester oder, noch fester, Aramid. Dann die Gewebeart, denn die Belastungen, die punktuell auf die Platte einwirken, werden weitergeleitet, stets von einer Gewebeseite zur anderen, wie beim Oberschenkel des Skeletts, der auch aus Tausenden Fasern besteht, die von einer Außenseite zur anderen aktiv die Kräfte weiterleiten, so auch bei der *Wirtz-Platte*. Dieses Konzept macht die Genialität der superleichten Platte aus. Alle heutigen Visionen haben ihren Ursprung in der Natur. Die ewige Frage lautet: Wie macht es die Natur, mit wie wenig Materialeinsatz schafft sie das?

In den ehemaligen Hallen von Rokal/Hansa an der Robert-Kahrmann-Straße prüfen Betriebsleiter Dietmar Oellers, Geschäftsführer Herbert Fenkes und Webmeister Michael Hommen (v.l.) die Textil-Qualität.   Foto: Busch, RP-online v. 9.April 2015

25. Die Natur als Vorbild

Wespen in Brasilien können kein Wachs für Ihre Waben nutzen wie europäische Bienen, denn bei hohen Temperaturen ist Wachs nicht einsetzbar. Die Wespen nehmen einen Holzbrei, den sie mit ihrem Speichel herstellen. Daher der Name *Papierwespen*. Deshalb heißen Sandwichplatten auch *Honeywell*.

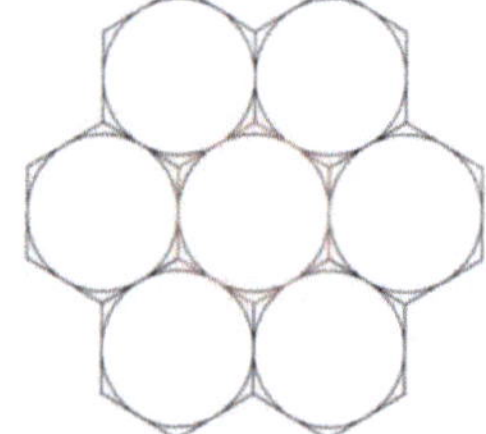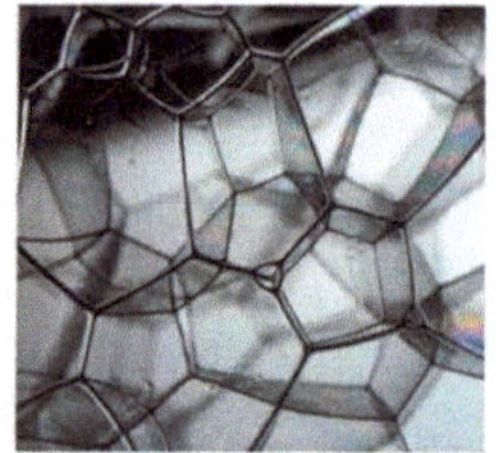

Die Anzahl der Verbindungsfäden einer *Wirtz-Platte* mit Textil-Zweiwandgewebe aus hochfesten Polyester liegt bei 20.000/m², wobei jeder Faden 8 kg trägt.
20.000x8=160.000, also 160 t Tragkraft pro m². Ein Delaminieren ist ausgeschlossen.
Um besonders hohe Festigkeiten zu erreichen wurde ein Hybridgarn aus Polyester/Aramid verwebt und so eine vierfache Festigkeit erreicht.
Wirtz-Platten sind auch für den Brückenbau konzipiert, bei demselben niedrigen Gewicht.
 Ein weiteres Plus der Aramid-Nutzung ist die geringe Dehnung, die im Gegensatz zum Polyester nur drei Prozent statt der üblichen acht bis zehn Prozent beträgt.

26. Leichtbau & Ideengeber

Altmeister Richard Buckminster Fuller, amerikanischer Architekt, Künstler und Visionär empfahl Leichtbau, um Ressourcen zu sparen und den Kollaps des Planeten zu verhindern. Er war 32 Jahre alt, pleite und seine Tochter gerade verstorben, er selbst dem Suizid nahe, als er im Jahr 1927 beschloss, den Rest seines Lebens als Experiment zu verbringen.

Er wollte dazu beitragen, die Welt zum Nutzen der Menschheit zu ändern. So baute er ein stromlinienförmiges Auto. Für seine Ideen erfand er den Namen *Dymaxion*. So hieß sein Auto auch *Dymaxion-Car*.
Zur Expo 1967 baute er für den US-Pavillon die *Biosphere*, eine riesige, 1954 patentierte Kugel aus einfachen Tetraedern und Oktaedern.
Fuller hat als einer der Ersten das Wirken der Natur unter dem Prinzip der Material- und Energieeffizienz gesehen und für seine Entwürfe genutzt. Er wollte den Menschen zeigen, dass der irdische Bankrott durch nachhaltige Fortentwicklung verhindert werden kann.
Für ihn der wichtigste Schritt:
Druck muss in Zug umgewandelt werden.

Hier ein kleines Beispiel aus der Natur, wie ein Baum durch den Wurzelanlauf Material spart und sich auf die größere Kerbspannung vorbereitet, erklärt von Prof. Mattek, auf einem Leichtbausymposium in Lemgo, unter der Führung von Prof. Martin Stosch, der dort für den Möbelleichtbau seinen Studenten die Bionik-Philosophie erklärt. Der Autor hat viel bei ihm gelernt. Leichtbau hat viel mit Philosophie zu tun, denn es ist für viele Ingenieure schwer umzudenken:

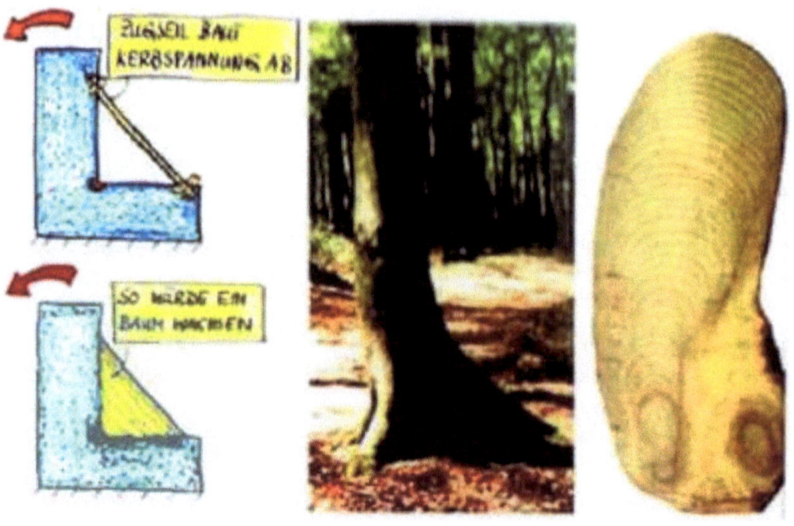

27. Visionen

Die Wirtz-Leichtbaustudien für den Luftschiffbau gehen inzwischen ins fünfte Jahrzehnt und haben viele Erkenntnisse hinzugebracht, von denen der heutige Entwurf profitierte. Auch der Hausbau basierend auf dem *Bauhauskonzept* profitiert von diesen Studien.

Das B*auhaus*-Motto lautet: *Einfach, funktional, billig, aber ästhetisch.* Die *Bauhaus*-Pioniere um Walter Gropius, Marcel Breuer und Ludwig Mies van der Grohe verfolgten in den 20er-Jahren diesen Ansatz: Man wollte sich wieder auf bodenständiges Handwerk besinnen, mit Design gesellschaftliche Unterschiede beseitigen. Schöne Dinge sollten bezahlbar werden.

Die *Wirtz-Platte* wird diesem Ansatz mehr als gerecht. Dank Leichtbaukonzept lässt sie sich herrausragend auf den Hausbau übertragen. Der Kunde kann planen und bekommt einen Baukasten mit Anleitung. Durch die Perfektion und Einfachheit, aber besonders durch das Federgewicht ist er in der Lage, alles selbst zusammenzufügen oder von Handwerkern günstig und problemlos erledigen zu lassen.

Die hohe Wärmedämmung, Stabilität und sogar Schwimmfähigkeit wurde bereits weiter oben erläutert. Der Kunde hat so auf lange Sicht das preiswerteste Haus am Markt. Dazu kann er den Standort jederzeit wechseln. Das Haus begleitet den Käufer lebenslang und kann jederzeit an seine Bedürfnisse angepasst werden.

Wenn Sie an diesen Zukunftsplänen teilhaben wollen:
Es werden Partner gesucht!

Die ganze Welt wartet auf die Wirtz-Leichtbauplatten, viele Branchen haben schon angefragt, wann geliefert werden kann.
Da alles vom Eigenkapital abhängt, freut sich der Initiator auf Investoren, staatliche Organisationen oder Privatpersonen, die dem angekündigtem Zukunfts-Produkt eine Chance geben wollen.

E-Mail an: f.wirtz@wirtz-composite.de

28. Forschung & Umsetzung

Auf der Suche nach einer Universität oder Hochschule für Architektur bekam der Autor von Prof. Martin Stosch den Hinweis auf Andreas Keil, Geschäftsführer des *InnoZent OWL e.V.*, Paderborn.

Andreas Keil ist ein väterlicher, liebenswerter Banker, der seine Aufgabe hingebungsvoll ausfüllt. Er nahm sich für die Patentidee viel Zeit und schlug die Kontaktaufnahme mit Frau Prof. Schwickert vor, die ein Ohr für neue Materialien und Verfahren hat, wenn es um Ressourcensparen und CO_2-Reduktion geht.

In Detmold traf der Autor auf eine zauberhafte junge Frau, die aufgeschlossen ihre Bereitschaft bekundete, am Projekt mitzuwirken. Sie begeisterte drei Studenten für eine Semesterarbeit zum Thema *Wirtz-Platte*.

Im Zuge dieser Arbeit wurde die Bauplatte mit Zweiwandgewebe und entsprechenden PU-Hartschaum-Komponenten im Labor entwickelt. Gemeinsam gelang es, die Materialien – Gewebe und Schaum – zu einer dauerhaft festen Verbindung zu vereinigen und die mikroskopisch kleinen Molekülkristalle wie ein Puzzle zusammenpassen.

Mit den im Labor der Firma *Lackfa*, mit dem hilfsbereiten Dr. Endtner in einer Dicke von 20 cm produzierten Platten, wurde ein Test-Haus mit 12 m² Grundfläche gebaut. Damit wurden Standfestigkeit, Wärmedämmung und Wohnqualität erfolgreich getestet – das positive Ergebnis aus drei Jahren Forschung. Im Haus können drei bis vier Personen wohnen. Das ist eine echte Alternative zu den diversen Wellblechhütten der Slums dieser Welt, aber auch interessant für die aktuelle Tendenz zu kleinen und preisgünstigen Wohnhäusern in Europa. In Serienfertigung wären solche Häuser profitabel für unter 10.000 Euro produzierbar.

29. Aus der Arbeit der Studenten

Studentin **Corina Grigoleit** hat zum Beispiel Folgendes erarbeitet:

Variante Oldschool

Soll in einem Bestandsgebäude eine Wand aufgestellt werden, so wird diese vorzugsweise mit herkömmlichen Trockenbauelementen gebaut. Der Aufbau einer Trockenbauwand beginnt für den geübten Heimwerker mit der vertrauten Fahrt zum örtlichen Baumarkt. Dort werden zahlreiche Materialien und Werkzeuge erstanden, die für das Vorhaben benötigt werden. Dazu muss zunächst eine Holz- oder Aluminiumrahmen-konstruktion an die entsprechende Stelle gestellt werden. Ohne Bohrmaschine, Schrauben, Wasserwaage, Gliedermaßstab und Dübel sowie Schraubendreher kann diese Arbeit nicht bewerkstelligt, werden. Im Folgenden werden die einzelnen Fächer der Rahmenkonstruktion mit Dämmmaterial gefüllt. Ein Dämmmesser zum Schneiden der Mineralwolle sowie eine Atemschutzmaske sind dabei unverzichtbar.

Darauf folgt die Beplankung mit Gipskarton-, Gipsfaser- oder Holzplatten. Je nach gewünschter Stabilität werden ein bis zwei

Lagen beplankt. Mit Schraubendreher, Akkuschrauber, Grob- und Feingewindeschrauben werden die einzelnen Lagen am Untergrund befestigt. Schließlich muss die neu gestellte Wand noch verspachtelt werden, sodass geübte Heimwerker zu Spachtelmasse, Eimer, Kelle und Glätter greifen und mühevoll die Fugen füllen. Dabei sollten auf keinen Fall die Bewährungsstreifen aus Papier oder Gewebe vergessen werden, damit nach dem Trocknen keine Risse im Spachtel entstehen.

Nach dem Spachteln muss die Masse zunächst 24 Stunden durchtrocknen, bevor zu Schleifgitter und Atemschutzmaske gegriffen werden kann, um eine glatte Oberfläche herzustellen, die anschließend veredelt werden kann.

Abschließend müssen alle übrig gebliebenen Reste entsorgt und alle beteiligten Räume gründlich vom Gipsstaub gereinigt werden.

Hat die Wand nach einigen Jahren schließlich ausgedient und soll wieder entfernt werden, kommen Brecheisen, Hammer und Säge zum Einsatz, um die angebrachten Platten herauszuschneiden, die Unterkonstruktion zu entfernen und alle Überreste zu beseitigen. Die entfernten Materialien müssen schließlich fachgerecht entsorgt werden und landen so meist bei dem örtlichen Entsorgungsbetrieb.

Alternative: *WIRTZ-Trockenbau-Modulsystem*

Das neue *WIRTZ-Trockenbau-Modulsystem* bietet im Bereich des Trockenbaus ganz neue Möglichkeiten – auch für ungeübte Heimwerker. Entscheidet man sich für eine Trockenbauwand mit dem *WIRTZ-Trockenbau-Modulsystem*, so beginnt die Arbeit mit dem Gang an den heimischen Computer. Bei *MyFO-AMWORK.de* werden einfach die gewünschten Maße eingegeben und die entsprechende Wand bestellt. Der Service von *My-FOAM-WORK.de* berechnet die benötigten Teile in optimaler Zusammenstellung und gibt die Maße direkt an die Produktion weiter. Dort werden die einzelnen Module exklusiv für den Kunden hergestellt, sicher verpackt und direkt auf die Reise zum

Heimwerker nach Hause geschickt. Sobald der Postbote klingelt, kann die Arbeit beginnen.

Als Erstes werden die beiden Anschlussstücke aus robustem Metall sowie die Wand-Abschlussleiste an den Bestandswänden befestigt. Dazu müssen lediglich die Schutzfolien auf den Rückseiten abgezogen, mit der Wasserwaage an der Wand ausgerichtet und angeklebt werden. Nun können die Wandelemente ausgepackt und über das selbstjustierende Magnetsystem spielend leicht an der Wandbefestigung angedockt werden. Verfährt man auf diese Weise mit allen übrigen gelieferten Leichtbauelementen des *WIRTZ-Trockenbau-Modulsystems*, so entsteht im Handumdrehen eine neue Wand. Abschließend werden die Elemente lediglich durch die mitgelieferten Klemmleisten für den Decken- und Fußbodenabschluss fixiert. Wird die Wand nach einer gewissen Zeit nicht mehr benötigt, können die Klemmleisten einfach entfernt und die Wandelemente abgezogen werden. Verstaut man sie in einem Karton im Keller oder auf dem Dachboden, können sämtliche Elemente des *WIRTZ-Trockenbau-Modulsystems* wiederverwendet werden. Um eine Wand zu erweitern, können bei *MyFOAMWORK.de* einfach Erweiterungsmodule bestellt werden, sodass die vorhandenen Elemente mit den neu gelieferten Modulteilen kombiniert werden können. Ungeübte Heimwerker können mit wenig Aufwand ohne viel Werkzeug eine maßgenaue Wand ohne Schmutz und Unrat zu Hause installieren.

Das *WIRTZ-Trockenbau-Modulsystem* arbeitet ganz im Sinne der modernen Planung und ermöglicht flexible Grundrisse, sodass jedes Haus in der Lage sein wird, sich den Nutzungsanforderungen der Bewohner anzupassen. Ohne entstehenden Abfall beim Aufstellen, Abbauen, Versetzen oder Erweitern einer Wand, erfüllt das *WIRTZ-Trockenbau-Modulsystem* zusätzlich nachhaltige Aspekte.

30. Funktionsweise des WIRTZ-Trockenbau-Modulsystems

Die patentierte *WIRTZ-Platte* besteht aus sorgsam gewebtem Textil, den darin verwobenen Polfäden und dem verdichteten und belastbaren Polyurethanschaum. Dadurch wird sie besonders stabil, senkt sich bei Belastung kaum, kann schwere Lasten tragen und weist hervorragende Dämm-Eigenschaften auf. Diese positiven Eigenschaften der *WIRTZ-Platte* greift das *WIRTZ-Trockenbau-Modulsystem* auf und nutzt sie als Grundlage jeden einzelnen Moduls. Dadurch entstehen robuste Wandelemente, die ohne weitere Rahmenkonstruktionen stabil stehen können.

Um die einzelnen Elemente miteinander zu verbinden, ist in jede Modulplatte ein einzigartiges Magnetsystem eingearbeitet, dass für Einfachheit beim Auf- und Abbau der Wand sorgt und die Wiederverwendbarkeit der Modulteile ermöglicht. An der einen Seite des Moduls sind in die Platte einzelne Magnete in einem bestimmten Abstand eingeschäumt. Auf der gegenüber liegenden Seite der Platte sind Metallschienen eingearbeitet, in denen die Magneten passgenau versinken können. Werden nun also zwei Modulplatten miteinander verbunden, so gleiten die Magnete in die perforierte Platte und richten sie passend aus. So kann mit jedem Element der Wand vorgegangen werden. Für gelungene Wandanschlüsse sorgen jeweils Wandanschluss-Elemente, die je nach Bedarf die Magnete oder die Metallschienen enthalten und mit dem vorinstallierten Klebeband einfach an der Bestandswand angeklebt werden können.

Das Magnetsystem sorgt für den Zusammenhalt der einzelnen Wandelemente. Zusätzlich enthält das *WIRTZ-Trockenbau-Modulsystem* Klemmleisten für den Wand- und Deckenanschluss, sodass ein Verschieben oder Auseinanderbrechen der Wand in den jeweiligen Raum hinein verhindert wird.

Das *WIRTZ-Trockenbau-Modulsystem* kann aufgrund seiner leichten Handhabe von jedem schnell und einfach, nur mit Hilfe einer Wasserwaage, installiert werden. Zusätzlich erleichtert die Bestellung des maßgenau zugeschnittenen Modulsystems per Internet auf der Webseite *MyFOAMWORK.de* den Materialeinkauf.

31. Student Steffen Zittel schreibt

Der Entwickler der *WIRTZ-Platten-Decke* zeigt: Vergleicht man die verschiedenen Bauweisen miteinander, so stellt man fest, dass die *Wirtz-Platten-Decke* die Vorteile der Holzbalkendecke (gute Wärmedämmung und geringes Gewicht), und der Stahlbetondecke (große Speichermasse) vereint und die Nachteile außen vor lässt.

Außerdem bietet die *Wirtz-Platten-Decke* noch weitere Vorteile wie z. B. geringes Transportgewicht und leichte Montage auf der Baustelle durch modulare Vorfertigung im Werk. Durch ihre sehr ebene Oberfläche wird kein Estrich oder Ausgleichsmasse benötigt. Der Fußboden kann direkt auf die Platte verlegt werden.

Aufbau der Wirtz-Platten-Decke

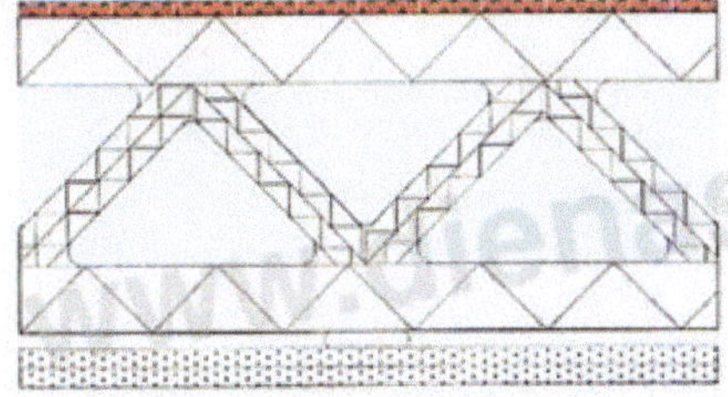

Anzahl der Bauteile: 3 Stk.

Bauhöhe: 24 cm

Masse/m^2: leer 26 kg, befüllt 133 kg

U-Wert: 0,30 W/(mK)

Spez. Wärmekapazität: 423 kJ/K

Vorteile:

- sehr gute Wärmedämmung
- große Speichermasse
- sehr leichter Einbau
- leicht nach Befüllung
- einfache Montage auf der Baustelle durch Vorfertigung im Werk
- geringe Bauhöhe
- Vorteile beim Transport durch geringes Gewicht

Deckplatte aus 3D-Fasergewebe, endlosgewebt und mit PUR ausgeschäumt.
Wird auf passende Deckenlänge geschnitten und an den Stößen mit Fugenprofilen versehen.

Tragwerk-Diagonale aus einer Doppellage 3D-Fasergewebe, endlosgewebt und mit PUR ausgeschäumt. So entsteht eine Platte mit textiler Mittellage.

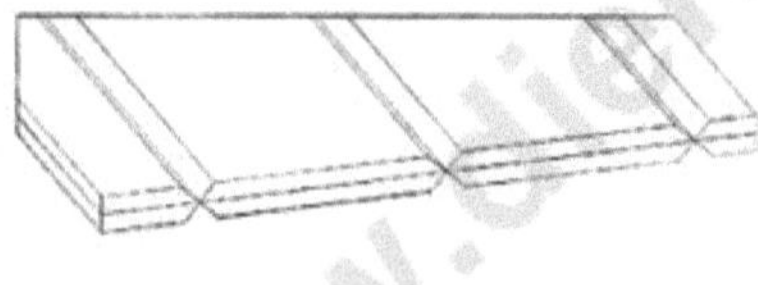

Um die doppellagige Platte zur Tragwerk-Diagonale falten zu können werden gegenüberliegend V-Nuten in die Platte gefräst.

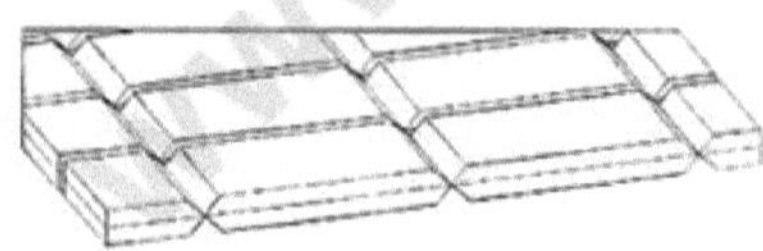

Danach werden sie um Material zu sparen und um die Installation zu erleichtern in Streifen geschnitten.

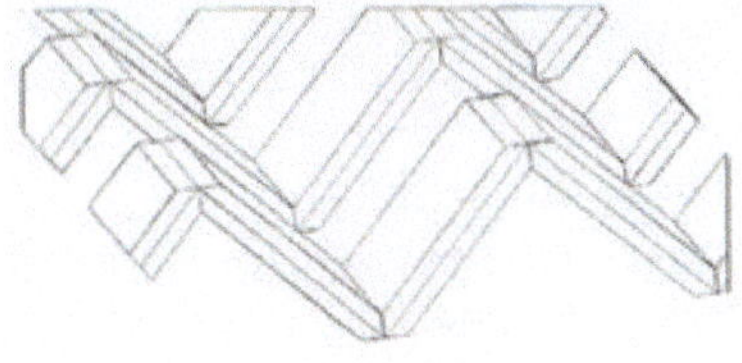

Jetzt können die Streifen zu
Tragwerks-Diagonalen gefaltet werden.

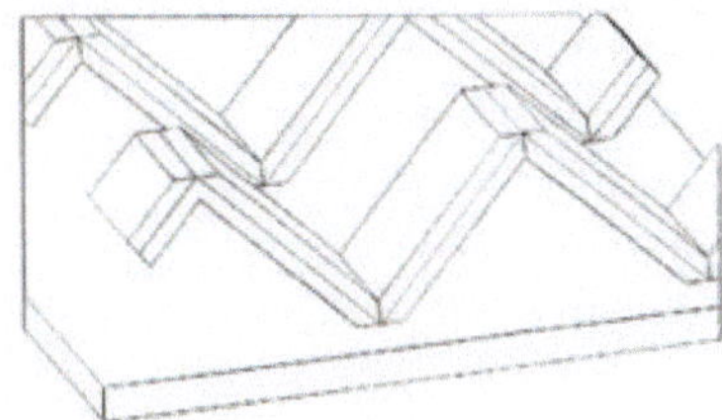

Die Tragwerks-Diagonalen werden auf die
untere Platte geklebt.

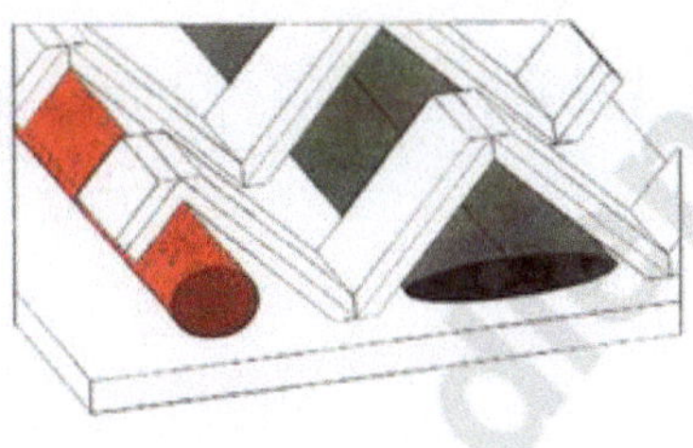

Einbringen der Installation und der
Wasserkammern.

Zum Schluß werden dann noch die obere
Platte und am Rand der Decke noch
seitliche Platten angeklebt.

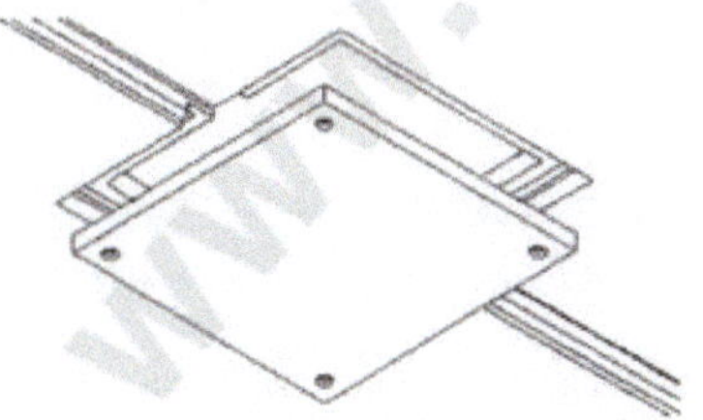

Um die Installationen zwischen den
Platten auf der Baustelle verbinden zu
können sind an den Entsprechenden
Stellen am Rand der Elemente
Revisionsklappen vorgesehen (siehe Bild).

Holzrahmenbauweise

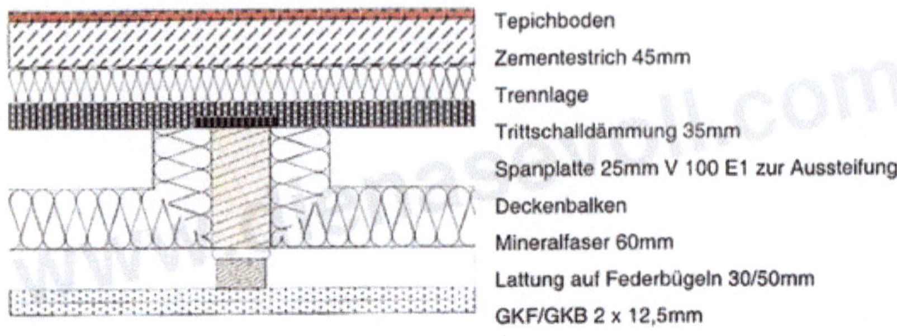

Anzahl der Bauteile: 10 Stk.

Bauhöhe: 30 cm

Masse/m^2: 139 kg

U-Wert: 0,35 W/(mK)

Spez. Wärmedämmung: 183 kJ/m^{2}K

Vorteile:

- - gute Wärmedämmung
- - leicht

Nachteile:

- aufwendige Montage durch viele Einzelteile und Montage vor Ort
- geringe Speichermasse

Massivbauweise (Stahlbetondecke)

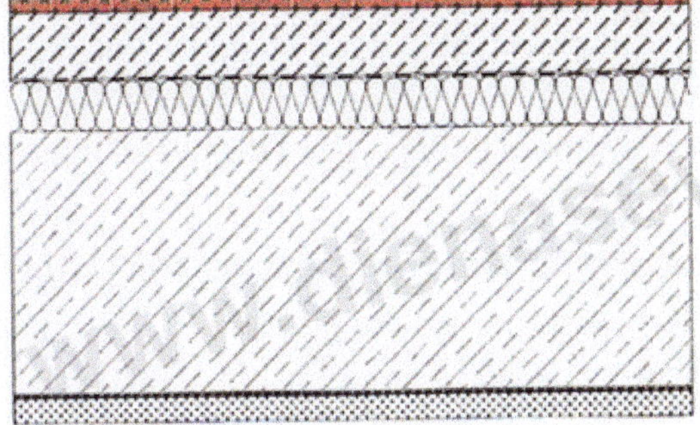

Anzahl der Bauteile: 10 Stk.

Bauhöhe: 28 cm

Masse/m^2: 545 kg

U-Wert: 0,99 W/(mK)

Spez. Wärmedämmung: 609 kJ/m^{2}K

Vorteile:

- große Speichermasse

Nachteile:

- schlechte Wärmedämmung
- schwer

Fertigung der Wirtz-Platten-Decke

Bestandteile:

- Deckplatten für die Ober- und Unterseite des Deckenelements
- gefaltete Platte mit Gewebemittellage als Tragwerk-Diagonale
- Wasserkammern, die erst nach der Endmontage befüllt werden und die Speichermasse der Decke bilden

Ein Entwurf von Julian Lianarachchi:
Das Wirtz-Windkraftanlagen-Rotorblatt

Konzept

Im Hinblick auf die Energieproblematik werden stetig neue Materialien benötigt, um die steigenden Anforderungen der Maschienen zu decken. Dies trifft gerade den Bereich der Windenergieförderung. Die dort angewandten Werkstoffe stoßen mit den heutigen Anforderungen an die Grenzen ihrer Belastbarkeit. Gerade das spezifische Materialgewicht der verwendeten Werkstoffe stellt konkrete Grenzen dar. In diesem Bereich kann der Wirtz-Werkstoff Einzug erhalten.

Anforderungen

- hohe Dauerfestigkeit
- hohe Biegefestigkeit
- UV-Beständigkeit
- Witterungsbeständigkeit
- nicht elektrisch leitend

Anforderugen, die der Werkstoff nicht direkt vorweist, werden durch zusätzlich aufgebrachte Beschichtungen, wie es zur Zeit bei herkömmlichen Konstruktionen üblich ist, nachträglich aufgebracht.

Anwendung und Vorteile

Um einen höheren Energieertrag zu erzielen, werden größere Spannweiten und elastische Rotorblätter benötigt. Die Elastizität hilft den Blättern, sich besser an die Wind-Bedingungen anzupassen, indem sie besser auf die einwirkende Kraft reagieren und dadurch die Druckbelastung reduzieren. Das geringe Materialgewicht ermöglich des Weiteren größere Rotorblattspannweiten.

Wirtz-Element-Vorteile

Der entscheidende Vorteil der Wirtz-Elemente ist die Leichtig-
keit, welche nicht nur dazu beträgt, größere ergiebigere Anla-
gen zu konstruieren, sondern auch diese zum Einsatzort zu
transportieren.

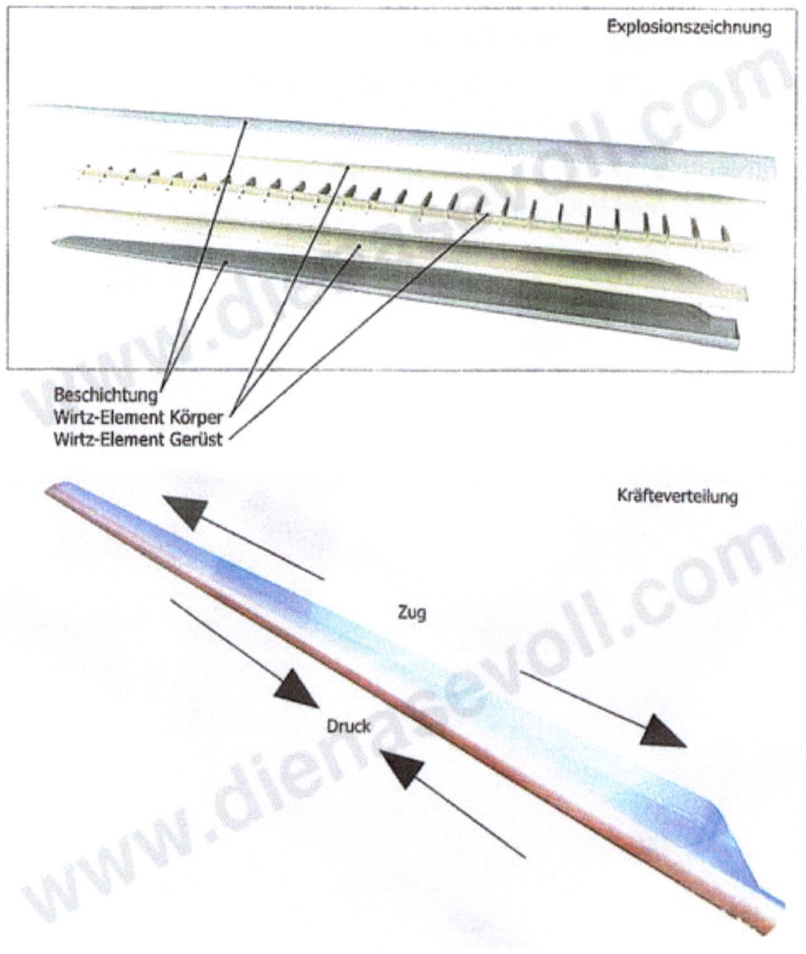

Das heißt, dass beim Transport Kraftstoff eingespart oder die Transportmenge des Materials erhöht werden kann, was zu einer höheren Effizienz führt.

Auf der übergroßen Spannweite kann das Wirtz-Element die wirkenden Kräfte auf Grund seiner Konstruktion sehr gut ausgleichen.

Produktion

Um die 3D-verformten Rotorblätter effizient zu produzieren, werden variabel verstellbare Pressplatten benötigt. Diese sollten auf der Druckseite überlappendes Material zur nächsten Fläche besitzen, um eine durchgehende Fläche bspw. bei einer Wölbung zu gewährleisten. Die Unterkonstruktion sollte dementsprechend flexibel auf die Anforderungen der Fertigung reagieren.

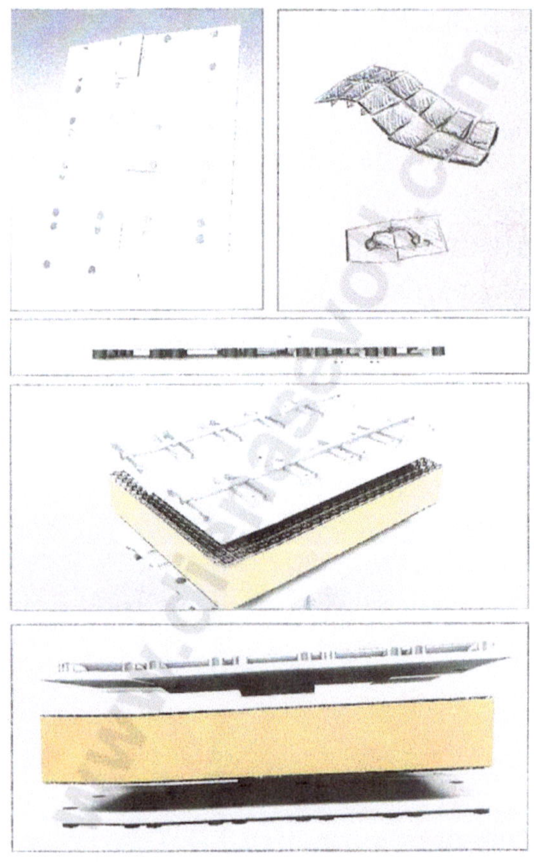

Der Aufbau

Nach Fertigung der Passelemente, werden diese mittels Kleben (im Schnitt blau dargestellt s. u.) sowie durch Vernähen der Enden (rot), zusammengefügt.

Risikominimierung Biltzeinschlag

Die verwendeten Materialien im Wirtz-Element minimieren das Risiko eines Biltzeinschlags, da sie nicht leitend sind.

Risikominimierung Eisschlag

Zur Enteisung werden in der äußeren Polyurethan-Beschichtungsebene, nahe der Rotorblattoberfläche, luftdurchströmte PE-Rohre (grüne Punkte) eingebracht, welche die Oberfläche mit vom Generator erzeugter Abwärme beheizen. Regulär verwendete elektrische Heizleiter kommen nicht in Betracht, da diese das Blitzeinschlagsrisiko erhöhen.

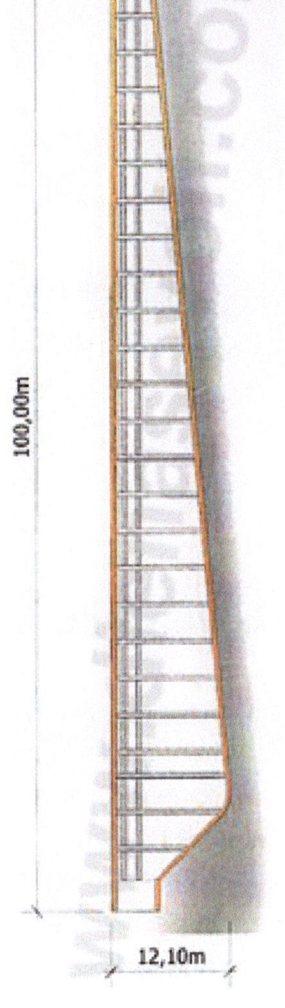

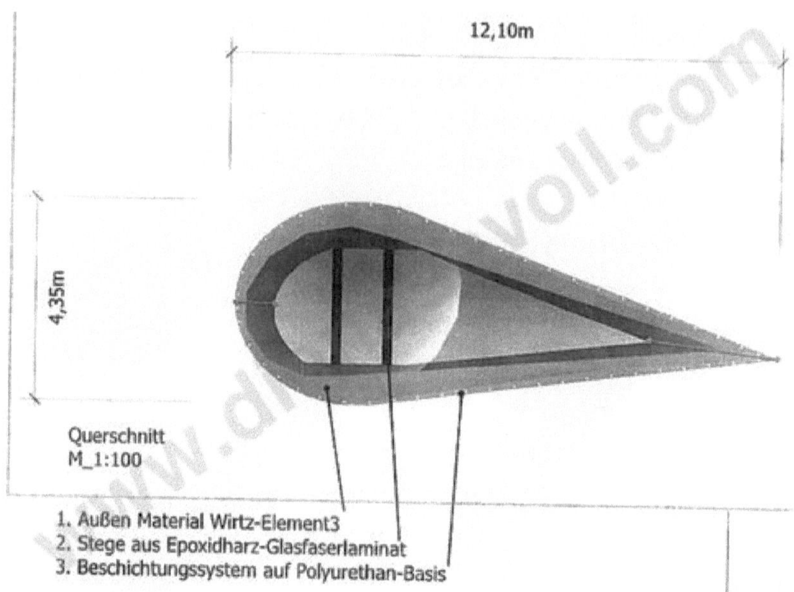

Ein Entwurf von Julian Llanarachchi.

32. Wundermatrial PU

Die Bauplatte ist mit PU Hartschaum gefüllt. Polyurethane sind Kunststoffe oder Kunstharze, die aus Polyadditionsreaktion von Dialkoholen (Diolen) beziehungsweise Polyolen mit Polyisocyanaten entstehen. Charakteristisch für Polyurethane ist die Urethan-Gruppe (-NH-CO-O-). Diole und Diisocyanate führen zu linearen Polyurethanen, vernetzte Polyurethane durch Umsetzung von beispielsweise Triisocyanat-Iisocyanat-Gemischen mit Polyolen.

Die Masse an Polyurethanschäumen sind Weich- und Hartschäume, Polyurethane werden jedoch auch als Formmassen zum Formpressen, als Gießharze (Isocyanat-Harze), als textile elastische Faserstoffe, Polyurethanlacke und Polyurethan-Klebstoffe verwendet.

1937 synthetisierte eine Forschergruppe um Otto Bayer in Laboratorien der I.G.-Farben in Leverkusen zum ersten Mal Polyurethan aus 1,4-Butandiol und Octan-1,8-Diisocyanat und später aus Hexan-1,6-Diisocyanat. 1940, nach unzähligen neuen Mischungen, kam es zur industriellen Produktion in Leverkusen.

33. Geschichte der PU Schäume

Von 1952 bis 1954 wurden Polyesterschaumstoffe entwickelt, wodurch das kommerzielle Interesse an Polyurethanen weiter gesteigert wurde. Mit dem Einsatz von Polyetherpolyolen wuchs die Bedeutung der Polyurethane rasch an. Die größeren Variationsmöglichkeiten bei der Herstellung von Polyetherpolyolen führten zu einer erheblichen Ausdehnung der Anwendungen. Ab 1960 explodierte der Einsatz von Polyurethan-Schaumstoffen: weiche PU-Schäume in Matratzen und Polstermöbeln, Stuhlsitzen, Auto- und Bahnsitzen; harte PU-Schäume für die Wärmeisolation von Gebäuden. Inzwischen finden sich immer neue Märkte. So verspritzt man ganze Bahnkörper mit hohen Drücken, um die Geräusche zu minimieren – für die Anrainer und ebenso für die Fahrgäste im Zug.

Es gibt eine Entwicklung, aus CO^2 Isocyanate als Komponente für die PU-Herstellung zu wandeln. Bayer hat sich dafür stark gemacht, das Verfahren zu industrialisieren. Ein Verfahren, bei dem viel elektrische Energie verbraucht wird. Die Ideale Lösung wäre, Bayer speichert die täglichen Windkraft- und Solar-Stromüberschüsse, kauft sie zum Tiefpreis und betreibt die Technologie dort, wo die Überschüsse am häufigsten auffallen. So würde PU-Schaum die Umwelt von CO^2 entlasten. So kamen auch wir auf die PU-Hart-Schäume bei 30 kg/m³, als Lösung.

34. Energiegewinnung für Häuser und Luftschiffe

Solar-Dünnschicht-Technologie für die Stromerzeugung, die Energie, die uns antreibt: CIS-Solarzellen. Prof. Harry Hahn (ehem. Universitätsprofessor in Heidelberg) entdeckte Ende der 40er-Jahre die Verbindung, die auch heute noch die Basis der CIS-Solarzellen bilden.

Es handelt sich hierbei um eine Kupfer-Indium-Diselenid-Verbindung (Cu-In-Se²-Verbindung), die zunächst als Hahn*sche Verbindung* bekannt, anschließend jedoch für 30 Jahre nicht weiter verfolgt wurde. 1974 entdeckten dann amerikanische Forscher der *Bell Labs*, dass durch diese Verbindung Licht in Strom umgewandelt werden kann. Nach verschiedenen Entwicklungsstufen intensivierte Dr. Hans Walter Schock (Institut für physikalische Elektronik der Uni Stuttgart) die Erforschung des nun als *CIS-Solartechnik* bekannten Materials.

Während seiner Forschungsarbeiten gelang es Dr. Schock, den Wirkungsgrad der Stromgewinnung mit Hilfe dieser Technologie von 6 Prozent im Jahr 1982 auf 17 Prozent Mitte der 90er-Jahre zu steigern (im Vergleich liegen kristalline Silizium-Zellen bei einem Wirkungsgrad von 10-12 Prozent).

Aufgrund des Fertigungsprinzips gehören die CIS-Solarzellen zu den Produkten der *Dünnschicht-Technologie*. Weitere Produkte dieser Technologie sind Solarzellen aus Kadmiumtellurid und amorphem (ungeordnetem, nichtkristallinem) Silizium.

Produkte der *Dünnschicht-Technologie* lassen sich wie folgt charakterisieren:

- Preisgünstige Trägermaterialien wie Glas, Kunststoff- oder Metallfolien können genutzt werden.
- Durch Schichtdicken von wenigen Mikrometern wird ein sparsamer Verbrauch an fotovoltaisch-aktivem Material ermöglicht.
- Der Energieverbrauch bei der Herstellung ist wesentlich geringer als bei kristallinen Siliziumzellen.
- Die Beschichtung kann automatisch erfolgen, sodass eine großflächige bzw. fließende Produktion möglich ist.
- Sowohl Zellengröße als auch Zellenform sind frei wählbar und die elektronische Verschaltung kann in den Herstellungsprozess integriert werden.
- Durch die CIS-Solarzellen wird ermöglicht, vom umständlichen und teurem *Siliziumsägen* wegzukommen und das Preisniveau der Fotovoltaik signifikant zu senken.

Für die *Wirtz-Platte* ist das niedrige Gewicht besonders wichtig. Der energieerzeugende Aufbau der dünnen Schichten kann wie folgt aussehen:

- eine PU-Schicht mit einer *Carbon nanotubes* Beimischung (s. weiter unten unter *Carbon nanotubes Bericht*), als Flächenheizung,
- eine Keramikschicht (s. *Keramikartikel wie aus Gummi*),
- darüber Aufdampfung des CIS-Materials und
- zur offenen Wetterseite eine dünne Glasschicht aus unzerbrechlichem geschichtetem Glas.

35. Wasserelektrolyse

Für das Luftschiff wird Wasserstoff als Treibstoff für die Beschleunigung auf 400 km/h benötigt. Es gibt eine bekannte Methode, das Wasser in Wasserstoff und Sauerstoff aufzuspalten: die Elektrolyse. Gelangt beides statt Kerosin in einen ganz normalen Düsenantrieb, wird eine emissionsfreie Verbrennung erreicht.

Die *Welt* schrieb: *In einer Stunde über den Atlantik nach New York mit dem geplanten Hyperschall-Flieger.* In einem Workshop in Washington sei deutlich geworden, wie es gehen könnte: Vertreter der US-Regierung, der Industrie, der NASA und der US-Air-Force überlegten gemeinsam, wie man in Sachen Hyperschall – vier-bis achtfache Schallgeschwindigkeit – weiter vorgehen sollte. Es ging um Wasserstoff getriebene Düsenantriebe. So haben die Russen den Plan ihres Tupolew-Erfolges aus vergangenen Tagen wiederbelebt. Obwohl sie selbst Erdölförderer sind, treiben sie den Wasserstoffantrieb, im Hinblick auf die Zukunft ohne Öl, voran. »Wir sehen auch die Umweltentlastung dabei«, sagen sie. »Es wird Zeit, ohne Kerosin fliegen zu können.«
So ist für das *Wirtz-Luftschiff* die Richtung vorgegeben. Bei einem großen Luftschiff ist genügend Raum, um die Elektrolyse durchzuführen und zu nutzen.

36. Fliegen ohne Klimaschaden

Ein Bericht von Heins Michaels in *Zeit online* (17.12.1993) trägt den Untertitel: *Mit Wasserstoff angetriebene Düsenjets sind technisch möglich und umweltfreundlich.*

Im Prinzip ist alles ganz einfach: Statt Kerosin wird Wasserstoff in die Brennkammern des Flugtriebwerks eingespritzt, dort zu Wasser verbrannt und das Flugzeug wie gewohnt mit dem heißen Verbrennungsstrahl vorwärts getrieben. Auf diese Weise könnte die Luftfahrt unabhängig vom Rohöl werden und gleichzeitig die Belastung der Umwelt durch Flugzeuge verringern. Bereits Ende der 50er-Jahre betrieb die US-Raumfahrtbehörde

Nasa das Experimental-Flugzeug Canberra, ein zweimotoriges Kampfflugzeug vom Typ B 57, ein Triebwerk lief auf Wasserstoff. So war der Versuch zur technischen Realisierbarkeit bewiesen. 1988 zeigten die Russen mit der TU-155, bei der das mittlere Triebwerk auf dem Heck montiert war, ein gelungenes Experiment. Die Prognose war: 2010 soll mit Wasserstoff in der Luftfahrt begonnen werden und 2030-2040 die Umstellung abgeschlossen sein.

37. Elektromotoren

Neue Elektromotoren zeigen bessere Leistungen, so wurde in einem Start up *CPM-Compace-Power Motors GmbH* in München Vielversprechendes geleistet.

Ein Bericht aus der *Technology Review 6/2013:*
Der Elektromotor soll eine größere Leistungsdichte haben als herkömmliche Motoren, berichtet das Magazin. 2008 startete das Unternehmen und produziert Außenläufer. Sie sagen, bei ihnen habe das Magnetfeld gewissermaßen einen längeren Hebelarm, um den Rotor in Bewegung zu setzen. Die Motoren können hierdurch mehr Drehmoment erzeugen. Im Augenblick konzentrieren sie sich auf kleine Motoren von 0,5–6 kW. Der CPM-Geschäftsführer *Nico Windecker* sagt: »Das ist eine komplett neue Art Motoren zu bauen.« Der RFTR-Motor existiert schon als Prototyp, wiegt 9–14 kg, leistet bis zu 80 kW, hat

einen Wirkungsgrad von mehr als 96 % und soll sich besonders
für Elektro- und Hybridfahrzeuge eignen.

Die *Siemens AG* hat sich auf den Weg gemacht und schafft es,
einen E-Motor für Flugzeuge bis 2 t zu bauen, einen 50 kg leichten Motor mit einer Dauerleistung von 260 kW. Sie haben sich
zum Leichtbau entschlossen und sämtliche Komponenten auf
den Prüfstand gestellt, so beträgt die Leistung: 5 kW pro kg,
bisher 1 kW zu 1 kg Motorgewicht. Und das bei einer Umdre-
hungszahl von gerade mal 2.500 in der Minute, da ist dann auch
kein Getriebe nötig.

38. Materialien aus der Zukunft

Keramik wie aus Gummi:
Als Untergrund, besonders für die CIS-Zellen, die Sonnenener-
gie für die Stromerzeugung wandelt, wird eine besondere,
hauch-dünne Beschichtung benötigt.
*Die Materialwissenschaftlerin Julia Greer vom California Insti-
tute of Technology arbeitet in einem Reich jenseits gewohnter
Naturgesetze*, schreibt *Technology Review* in der Ausgabe
07/2015. Sie steuert den Nano-Bauplan von Stoffen und bringt
Materialien hervor, die den Erwartungen widersprechen.
Während die übliche Erfahrung mit Keramik so aussieht, dass
der Teller, der auf den Boden fällt, in tausend Stücke zerspringt,

ist die 2014 entwickelte Keramiksubstanz von Julia Greer überhaupt nicht spröde. Winzig kleine Nanogitter sind ihr Geheimnis, die Keramik ist gleichzeitig hart und leicht wie kaum eine andere. Genau richtig für die neuen Elektroden der Schaumstoff 3D-Wirtz-Platte, um Strom zu speichern.

39. Wirtz-Platte als Kondensator

Sobald die Produktion der leistungsstarken und extrem belastbaren *Wirtz-Platte* den ersten Gewinn bringt, wird das Thema zügig weiterentwickelt. Das Speichern von elektrischer Energie in der *Wirtz-Platte* ist möglich, zum Beispiel als Kondensator für ca. 8–10 Stunden.

Viele Labore tüfteln so wie wir an der besten Lösung, Schaum als Speicher zu nutzen, z.B. eignen sich Eierschalen mit ihrer dünnen Haut zum Speichern von Litium-Ionen, fein gemalen, sie bestehen fast aus reinem Calziumcarbonat,...forschen, forschen, forschen, es lohnt sich.

Es ist bekannt, dass jeder Motor einen Kondensator vorgeschaltet hat, um beim Start anfallenden hohen Energiebedarf zu gewährleisten. Das Prinzip ist auf die *Wirtz-Platte* übertragbar, da textile Fäden über die Galvanisier-Verfahren metallische und keramische Oberflächengitter bekommen können. Die Weiterentwicklungen der *Wirtz-Platte* werden künftig über ein eigenes Entwicklungsinstitut erfolgen.

40. Laser – ein genialer Luftschiffschutz

Da mit dem *Wirtz-Luftschiff* viele Menschen und eine große Investition über den Globus transportiert wird, steht Sicherheit für Menschen und Frachtgut an erster Stelle.
Ein Lasersystem sorgt dafür. Ständig wird der Boden- und Luftraum mit Kameras, Infrarotkameras, Radar und Sensoren genau analysiert. Das eignet sich auch zur nicht bodengestützten Luftabwehr, sodass feindliche Raketen in großer Höhe abgeschossen werden können.

Dieses Thema ist umfassend und sollte die westlichen, demokratischen Staaten zur Zusammenarbeit animieren, denn es würde ein Wirtschaftszweig wie das Airbusprogramm und dazu ein Abwehrschirm zur Verteidigung werden.

41. Laser – ein historischer Rückblick

Der Fortschritt in der Wissenschaft ist ohne Neugier undenkbar. „Am Anfang allen Neuem steht die Lust an der Entdeckung. Abenteuerlust. Immer wieder versuchen Menschen, die Grenzen des bekannten weiter zu verschieben. Diese Lust gehört zu den urmenschlichen Eigenschaften – dennoch wissen wir wenig darüber. Was genau ist eigentlich Neugier? Und was passiert, wenn wir uns von ihr leiten lassen? Wir sehen Dinge, die niemand vor uns gesehen hat. Zum Beispiel einen kleinen roten Punkt, der die Welt in Aufregung versetzt." Von Jürgen Schaefer, in „Genie oder Spinner" mit dem Untertitel: Sind wir offen für Neues?

Er erzählt die Laserentwicklung des Außenseiters *Theodore Maimans* 1960. Er sitzt in seinem Labor und rechnet immer wieder neu mit seinem Rechenschieber und findet, dass der Wissenschaftler eines einflussreichen maßgeblichen Instituts, der die Idee, man könne mit einem Rubin einen Laser bauen, verworfen hatte, so dass sich die gesamte Branche, alle Forscher der großen wie Labs abwandten. Theodore jedoch war ein Freidenker der seinen Kopf hatte und siehe da, er entdeckt den Rechenfehler des großen Kollegen.

Er erkennt seine Chance, er hat bei einem Institut einen daumengroßen künstlichen Rubin bestellt, der lange auf sich warten lässt. Er hat nur einen Versuch, die Direktoren haben ihm nur noch mal 50.000 Dollar zugestanden, für den letzten Versuch, er hätte sonst gekündigt. Alle Kollegen hatten bereits Mitleid, doch blamieren wollte er sich nicht. Er baute ein Silbergehäuse um den Rubin, bedampfte mit Silber zart die Köpfe des Rubins und da er wusste, er braucht eine besonders helle Lampe, kam er auf die Idee, eine Blitzlampe könnte richtig sein. So machte er eine Spirale um den Rubin. Da das Geld aufgezehrt war, denn er musste sämtliche Kosten und auch seinen Lohn davon bestreiten, hatte er nur den einen Versuch. Er startet seine Blitzlampe und siehe da, er sieht als erster Mensch einen kleinen roten Punkt. Er gibt einen Text von gerade mal 300 Wörtern einem wissenschaftlichen Magazin, die lehnen ihn ab, doch das zweite Magazin veröffentlicht den Bericht und die Welt der Wissenschaft steht Kopf.

Wieso Theodore Maiman, der Außenseiter, wo so viele Institute, die staatliche hohe Zuschüsse bekamen es nicht konnten? Wie gesagt, er war ein freier Geist, er hatte in seiner Jugend bereits für eine kleine Firma im Heimatort jahrelang in der Werkstatt geholfen und elektrische Ventile, Motoren, Pumpen, einfach alles was da repariert werden musste gelernt. Bereits mit 14 Jahren hatte er die Werkstatt oft alleine geführt. Für seinen Professor an der Uni hatte er viele Geräte entwickelt und gebaut, so dass er ihn kaum gehen ließ und einen angelernten Ersatzmann von ihm verlangte, bevor Maiman ihn verließ. Er konnte nicht nur wie seine Kollegen entwerfen und theoretisch berechnen, er war ´praktisch´ und wissenschaftlich unterwegs, das machte ihn zum Champion.

In den folgenden fünfzig Jahren wurden unendlich viele Laser entwickelt und für unzählige Branchen spezialisiert, eine Schlüsseltechnologie, die unsere Plattentechnologie werden wird.

42. Nanoröhren

Kohlenstoff-Nanoröhren (oder auch *Carbon-Nanotubes)* ist der Name für mikroskopisch kleine röhrenförmige Gebilde aus einschichtigem Grafit. Ihre Wände sind aus Kohlenstoff-Atomen in der Struktur von Waben. Der Durchmesser dieser winzigen Röhren liegt bei 1–50 nm.

Wozu dienen Nanoröhren? Das *Fraunhofer-Institut* hat eine Flächenheizung daraus hergestellt, indem sie es in eine Dispersion gemischt und hauchdünn auf unterschiedliche Materialien, z. B. Papier gespritzt haben. Sie haben eine elektrische Spannung angelegt und siehe da, das Papier wurde bis zu 40 Grad heiß. Die Bayer-Werke haben die Industrialisierung übernommen. Carbon-Nanotubes können jedoch auch bei der Weiterentwicklung der *Wirtz-Platte* helfen, um sie zum Stromspeicher zu machen, denn für die Kofferaufbauten der Lkws gäbe es reichlich Kunden, denn nun könnten sie elektrifiziert werden, kein Hybridantrieb wäre mehr nötig. Da *Wirtz-Platten* hochfeste Verbindungen an Nähten und Stößen brauchen und auch teilweise leitfähig sein müssen, dient die große Oberfläche der Carbon Nanotubes als Material erster Wahl. Denn die Oberfläche eines einzigen Kubikzentimeters beträgt 600 qm. Es wird in der Raumfahrt den Klebe- und Spachtelmassen beigemischt.

Nanoröhrchen leiten sich von Graphen – einzelnen Grafitschichten – ab, d. h. von einer Kohlenstoffatomschicht. Sie bilden eine Wabenstruktur mit sechs Ecken und jeweils drei Bindepartnern.
(Wikipedia)

43. Historie – Die Luftschifffahrt Geschichte

aus dem Buch *Die Nase voll… Technik überwindet Armut*
Kapitel: *Das Luftschiff – die Vordenker*

Die große Luftschiffzeit hat bereits begonnen. Verschiedene Firmen bauen seit Jahren *Blimps*, das sind heliumgefüllte Ballone in der Form eines Zeppelins, jedoch kürzer und etwas plumper, mit untergehängter Gondel, diese trägt seitlich angebrachte Motoren, die Propeller oder *Impeller*, das sind ummantelte Propeller, antreiben.

Einige andere Erbauer sind noch bei ihren Entwicklungsarbeiten, es tut sich was bei der Idee Luftschiff. Viele, d. h. die meisten Menschen, hatten schon seit der rasanten Entwicklung der Flugzeuge geglaubt, diese Dinosaurier gehörten der Vergangenheit an. Aber nein, es gibt und gab viele, die von der Idee so fasziniert sind, dass sie zeitlebens nicht mehr davon lassen können und neue Möglichkeiten gedanklich durchgespielt und im Stillen weitergebastelt haben.

Nun, die Zeit des Dornröschenschlafs dieser Luftgiganten, die in ihrer ersten großen Zeit unter der Triebfeder des weltberühmten Grafen Ferdinand Graf von Zeppelin und anderer die Menschen begeisterten, ist vorbei. Es dauerte bald hundert Jahre, wie im Märchen, bis durch neue Aufgaben und entsprechende Materialentwicklungen eine neue Generation Luftschiffe konzipiert wurde.

Aber zuerst zu den Vordenkern des Grafen und seinen persönlichen Leistungen:
Am ersten Dezember 1783 erfolgte der erste Ballonaufstieg mit Wasserstoff als Traggas. Prof. Charles und sein Mechaniker N.

Robert waren die Korbinsassen. Der Weg vom Ballon zu den ersten Luftschiffen begann mit der Erforschung verschiedener Gase und physikalischer sowie chemischer Versuche im 17. und 18. Jahrhundert. Der Traum war jedoch schon sehr alt. Da sind die Ideen des Jesuitenpaters Francesco Lana de Terzi mit vier Vakuum-Kugeln, an denen ein Luftschiff hängt, im Jahre 1670.

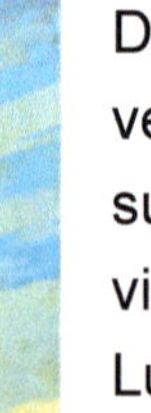

Der englische Chemiker Henry Cavendish entdeckte bei seinen Versuchen das Wasserstoffgas, das vierzehneinhalb Mal leichter ist als Luft. Seine 1766 veröffentlichten Versuchsergebnisse beflügelten etliche Forscher zu richtungsweisenden Kleinversuchen. Joseph-Michel und Etienne-Jacques Montgolfier erfanden bei ihren Versuchen den Heißluftballon und konnten diesen 1782 in Angriff nehmen. Mit einem Inhalt von 600 m³ gelang am 5.Juni 1783 den Brüdern Montgolfier der erste freie Ballonflug bis auf 2.000 m Höhe.

Professor Barthelemy Faujas de St. Fond besorgte sich über Geldsammlungen die nötigen Mittel für seinen Ballonbau. Der junge Physikprofessor Alexandre Cesar Charles und die Brüder Jean und Nicolas Robert bauten den ersten Wasserstoffballon. Sie erreichten in 42 Minuten eine Höhe von 1.000 Metern und legten eine Strecke von 22 km zurück, das war am 19.09.1783. König Ludwig XVI. und eine große Menschenmenge betrachteten am Schlossplatz in Versailles dieses Schauspiel.

Die geschichtliche Entwicklung des Luftschiffs:

Sie stellt sich im Zeitraffer und stark vereinfacht wie folgt dar:

1.12.1783: der Ballonaufstieg Prof. Charles, die Ballonfüllung war Wasserstoff

Ebenfalls das Projekt des französischen Generals Mensnier im Jahre 1783, die Gestalt eines eiförmigen Luftschiffs, mit untergehängter Gondel und eingebautem Ballonett.

1825–1882 lebte Henri Giffard, er arbeitete als Ingenieur. Er erwarb 1851 ein Patent auf die *Anwendung des Dampfes in der Luftschifffahrt.*

Am 24.09.1852 wagte Giffard den ersten motorisierten Aufstieg mit seinem Luftschiff, er erreichte 1.800 m Höhe – der erste große Schritt in Richtung lenkbares Luftschiff war getan.

1835–1905 lebte Paul Hänlein in Mainz, er baute in Österreich 1872 ein Luftschiff, seine Konstruktionen waren gut, er konnte aber aus finanziellen Gründen seine Ideen nicht verwirklichen.

1876: Nicolaus August Otto erfindet den Viertaktmotor für flüssigen Brennstoff in Köln-Deutz.

1881: Dr. Wölfert und der Oberförster Georg Baumgarten gründen den *Deutschen Verein zur Förderung der Luftschifffahrt.* 1882 führen sie ihr Luftschiff dem preußischen Kriegsministerium und dem Generalstab vor.

1883: Die Brüder Albert und Gaston Tissandier erproben einen von Bunsenbatterien gespeisten Elektromotor, sie erzielen mit ihrem Luftschiff eine Geschwindigkeit von 9 km/h, der E-Motor leistet 1,3 PS.

1883: Dr. Wölfert baute in Hasenheide bei Berlin ein Luftschiff aus Seide. Es war mit Leuchtgas gefüllt, an Bändern hing die Gondel.

1877 entschloss sich die französische Regierung zur Einrichtung einer staatlichen Luftfahrtforschungsanstalt und Militärluftschifferschule mit Sitz in Chalais-Meudon. Charles Renard baute mit Hilfe von Arthur C. Krebs dort ein Luftschiff mit einem Gramme-Elektromotor, die Leistung war 8,5 PS. Am 1.8.1888 war Renards erster Aufstieg.

Aéronat au long Cours.

1888: Start des Luftschiffs *Wölfert I* in Bad Cannstatt. Dr. Hermann Wölfert baut ein weiteres Luftschiff namens *Deutschland* und benutzt einen Motor mit 2 PS Leistung.

1888: Dr. Wölferts Luftschiff *Deutschland* steigt zur Probefahrt auf. Bei weiteren Probefahrten erreichte er mit seinem, mit einem 7-PS-starken Daimler-Motor ausgerüsteten Luftschiff eine mittlere Geschwindigkeit von 28 km/h. Am 12. Juni 1897 explodierte das Luftschiff bei einer Probefahrt über dem Exerzierplatz in Tempelhof/Berlin, Dr. Wölfert fand mit seinem Mechaniker hierbei den Tod.

1895/1896 entsteht in Berlin ein Luftschiff, das erstmals aus Leichtmetall gebaut wird. David Schwarz war der Erfinder. Die Firma *Carl Berg* aus Eveking in Westfalen übernimmt die Ausführung. Nach einem misslungenen Russlandauftrag, für den David Schwarz zur Ausführung sämtliche Teile in Eveking vorgefertigt hatte und eine Zeit lang in Petersburg verweilte, kam es im Dez. 1894 zwischen Berg und Schwarz zu einem Vertrag über ein neues Leichtmetall-Luftschiff. Es war an die Russlandpläne angelehnt, 38,32 m lang und 12 m im Durchmesser, ein Gitterrahmen als Grundgerüst, mit 0,18–0,20 mm starkem Aluminiumblech beplankt, bereits luftdicht gefalzt und genietet. Im Innern 13 Kammern, 16 PS stark der Dieselmotor, der über Riemen vier Propeller antrieb. Die Gondel im Abstand von 4,4 m darunter. Leider gelang der erste Start durch mangelhaftes Füllgas nicht. Darüber verstarb David Schwarz am 13. Januar 1897, seine tapfere Witwe Melanie führte sein Werk fort und es gab unter ihrer Leitung einen Aufstieg, doch trotz weiteren Mühen kam es zu keinem weiteren Neubau Berg/Schwarz in dieser Konstruktionsidee. Berg bemühte sich weiter um die Luftschiffidee und fand kurze Zeit später die Zusammenarbeit mit Graf Zeppelin im September 1898.

Dazwischen gab es eine Reihe Entwicklungen, viele mit Erfolg: Alberto Santos-Dumont, 1873–1932, Sohn eines reichen Kaffeeplantagen-Besitzers aus Brasilien, stieg in Paris mit seinem Luftschiff auf, es war ein kleines Prall-Luftschiff. Nach Erfahrungen mit seinem ersten und zweiten Luftschiff am 13. Nov. 1899 konnte er einen vollen Erfolg verbuchen: Es gehorchte dem Steuer, vollführte Richtungsänderungen und Vollkreise, Auf- und Abwärtsbewegungen, umkreiste den Eiffelturm, steuerte verschiedene Plätze an und landete auf der Rasenfläche von Bagatelle. Sein nächstes Luftschiff war auf der Weltausstellung im Jahr 1900 zu sehen. Santos Dumont war unerschrocken, gab nie auf und schrieb Luftfahrtgeschichte; er baute als Letztes sein Luftschiff Nr. 16 und wandte sich dann dem Flugzeugbau zu.

Graf Ferdinand von Zeppelin, 1838–1917, Reitergeneral, Diplomat und in die Geschichte eingegangen als Erfinder des Starr-Luftschiffs!
Am 25.03.1874 ist in seinem Tagebuch zu lesen: *Gedanken über ein Luftschiff.* Begonnen hatte es mit einem Vortrag des Generalpostmeisters Dr. Heinrich von Stephan in Berlin zum Thema *Weltpost und Luftschifffahrt*, den Graf Zeppelin nach der Veröffentlichung kennenlernte. Die Eintragung lautet weiter: *Das Fahrzeug*

würde auf die Dimensionen eines großen Schiffes auszurechnen sein. Die Gasräume so berechnet, dass das Fahrzeug bis auf ein geringes Übergewicht getragen wird. Die Erhebung wird dann erreicht durch das Angehen der Motoren, welche das Fahrzeug gewissermaßen auf die nach aufwärts gestellten Flügeln treibt. In der gewollten Höhe angelangt, werden die Flügel weniger steil gestellt, sodass das Luftschiff in der horizontalen Ebene bleibt. Zum Sinken stellt man die Flügel noch weniger steil, oder lässt die Geschwindigkeit abnehmen. Die Gasräume sollten womöglich in Zellen geteilt sein, welche einzeln gefüllt und geleert werden können. Die Maschine muß das Gas stets ergänzen können (Zitiert nach Eckener in *Das Luftschiff* von Fred Gütschow). Hier liest man noch einen weiteren Satz, dass Graf Zeppelin in dem Luftschiff primär ein Verkehrsmittel sah: *Auf eine nicht unwesentliche Änderung in der Verkehrsweise möchte ich im Voraus aufmerksam machen. Neue Ideen werden ebenfalls Veränderungen bringen. Die Beschaffungskosten der Fahrzeuge werden zwar groß sein, dagegen die Unterhaltskosten und die Betriebskosten sehr unbedeutend. […] Es wird also anfangs die Luftschifffahrt theils Luxusvergnügen sein, theils nur dort eingeführt werden, wo für den Erd- resp. Wasserverkehr besondere Schwierigkeiten zwischen zwei Punkten liegen, die einer leichten, sicheren und schnellen Verbindung fortwährend bedürfen, (Luftfähre). Ohne Zweifel wird die Verallgemeinerung des neuen Verkehrsmittels nicht lange auf sich warten lassen.*

Nach dem Ausscheiden aus dem aktiven Militärdienst Ende 1890 widmete sich Graf Zeppelin ganz dem Luftschiffbau. Er war kein Techniker, trotzdem enthält bereits sein erster Entwurf alle wesentlichen Details des Starr-Luftschiffs. Der Aufbau aus einem Gerippe; Ringe, die in Längsrichtung miteinander verbunden die feste Form ergeben. In den Zwischenräumen eingehängte Gaszellen, die voneinander unabhängig sind. Das Gerüst trägt ferner die Motoren, Tanks und den Steuermechanismus. Das gesamte Gerüst wird durch eine Außenbespannung zu einer glatten Luftschiffgestalt, unter der die Gondel für Passagiere und Besatzung angebracht waren. Es sollte möglich sein, mehrere solcher Luftschiffe aneinanderzuhängen und zu einem *Luftzug* vergrößern zu können.

1892–1894: Ingenieur Theodor Kober rechnete die Pläne des Grafen durch, seine Berechnung ergab ein 123 m langes Luftschiff mit 11 m Durchmesser. Die Bemühungen des Grafen, bei Wissenschaftlern, Industriellen und Militärs Unterstützung für seine Pläne zu finden, hatten keinen Erfolg.

Theodor Kober (1865–1930) zählte zu den verdienstvollen, leider auch in Vergessenheit geratenen genialen Ingenieuren. Kober war zunächst 1890–1892 bei der *Ballonfabrik Riedinger* in Augsburg tätig. Als Zeppelin einen technischen Berater suchte, wurde er auf Kober aufmerksam gemacht. Dieser trat als Privat-Ingenieur in den Dienst des Grafen und berechnete von 1892–1894 das erste Zeppelin-Luftschiff. Kobers Ballonerfahrung kam Zeppelin zugute. Der Graf war nicht eigensinnig wie andere; er hatte ein gutes Gespür dafür, die rechten Männer zu engagieren, was mit zu seinen Erfolgen beitrug.
1912 gründete Theodor Kober auf Veranlassung des Grafen Zeppelin den *Flugzeugbau Friedrichshafen*, der im 1. Weltkrieg Wasserflugzeuge baute.

31.08.1895: Zeichnung des Patentes *DRP 98580*, welches der Graf von Ing. Theodor Kober zeichnen und ausarbeiten ließ. Der Graf erhielt ein Patent auf ein *lenkbares Luftfahrzeug mit mehreren hintereinander angeordneten Tragkörpern.*
Doch es war noch ein weiter und harter Weg für Graf Zeppelin bis zur Verwirklichung seiner Pläne; amtliche Kommissionen lehnten seine beim Kaiser vorgelegten Ausarbeitungen ab. Der Graf wandte sich an Wirtschaft und Adel und wollte über Gutscheine einen Betrag in Höhe von 800.000 Mark für den Erstbau einsammeln, doch es wurden nur 100.000 Mark.

1896: Graf Zeppelin fand Gehör beim *Verein deutscher Ingenieure*, dieses Forum half ihm mit seiner Kompetenz und am

21.12.1896 erließ der Verein deutscher Ingenieure den berühmten Aufruf, die Sache zu unterstützen. Nach weiteren Bemühungen gelang dem Grafen die Gründung der *Aktionsgemeinschaft zur Förderung der Luftschifffahrt* im Mai 1898.

Der Kontakt zu Carl Berg, der die Schwarz-Luftschiffe aus seinem Aluminium vorbereitet und finanziert hatte, lebte wieder auf und die Bauteile für das Gerippe konnten im Lüdenscheider Werk von Carl Berg erstellt werden. Zur Endmontage kamen diese nach Manzell bei Friedrichshafen am Bodensee.

1899: Im Frühjahr bezog Graf Zeppelin sein Konstruktionsbüro in Friedrichshafen. Ingenieur Fritz Burr, Obering, Hugo Kübler sowie Ing. Ludwig Dürr u. a. kamen als Mitarbeiter hinzu. Nun wurde gebaut.

Das Gerippe aus 16 verspannten Ringen, die durch Längsträger verbunden und durch Stahlseile versteift waren, war 128 m lang und das Luftschiff hatte einen Durchmesser von 11,2 m. 17 Gaszellen wurden so eingehängt, dass jede für sich im Innenraum abgeschottet war, mit einem Ventil zum Ablassen des Drucks versehen. Hierfür war eine Belüftung in der Außenhaut. Angetrieben wurde das Luftschiff von zwei Daimler-Motoren zu je 15 PS, sie trieben, an Außengondeln angebracht, Vierblatt-Luftschrauben an, der Durchmesser dieser war 120 cm. Das Luftschiff nähert sich im Juni 1900 seiner Vollendung.

1.Juli 1900: Es war so weit – gegen 19.00 Uhr wurde das Luftschiff von einem Dampfer aus der schwimmenden Bodenseehalle gezogen, die Motoren gestartet. Gesichert an 14 Halteleinen erhob es sich wenige Meter in die Luft. Sämtliche Kontrollorgane und die Steuerung konnten hierbei überprüft werden. *Luftschiff 1*, so der Name des ersten Graf-Zeppelin-Luftschiffs, war 25 Jahre nach dem Tagebucheintrag endgültig zum Aufstieg bereit. Um 20.03 Uhr kam das Kommando *Leinen los!*, das Luftschiff stieg mit dem Bug voran langsam in die Höhe, 370 m wurden erreicht. Nach 15 Minuten wurde die erste Fahrt beendet. Entusiastische Berichte gingen um die Welt.

Am 17.10.1900, nach Beseitigung einiger Mängel, stieg *Luftschiff 1* zum zweiten Mal auf, erreichte eine Höhe von 300 m und vollführte einige Manöver, die alle gelangen.
Rolf Italiander schreibt in seinem Buch *Ferdinand Graf von Zeppelin: Der Mann, dem Graf Zeppelin und später Dr. Eckener entscheidende technische Hilfe verdankten, war der Stuttgarter Techniker Ludwig Dürr (1878–1956). Schon 1898 trat er in den Dienst des Grafen. 1904 wurde ihm die Bauausführung des Luftschiffs LZ 2 übertragen; nachdem er sich bereits beim Bau des LZ 1 bewährte. Dürr sind die Grundlagen für den Leichtbau zu danken, Ludwig Dürr stand der Zeppelin-Werft bis zu deren Liquidierung 1945 vor.*

1906 : Hugo Eckener beginnt sich für die Sache des Grafen einzusetzen und sie publizistisch zu fördern. Er, 30 Jahre jünger als Graf Zeppelin, geboren 1868 in Flensburg, berichtete unter anderem für die *Frankfurter Zeitung*; erst kritisch und skeptisch; doch gingen beide Persönlichkeiten hierdurch immer mehr aufeinander zu. Graf Zeppelin, der gut mit Menschen umgehen konnte, verstand es, diesen energischen Mann für sein historisches Werk zu interessieren. Er hatte in ihm, Dr. phil. Hugo

Eckener, einen Mann gefunden, der die Glut zu stürmischem Feuer zu entfachen half, der die Luftschifffahrt auch zu seinem Lebensziel machte.

1905: Nach vielen Ängsten, Mühen und Enttäuschungen, schaffte es der Graf, sein *LZ 2* in die Luft zu bekommen. Doch leider: Das mit 85-PS-Motor ausgestattete Luftschiff havariert bei der Landung auf dem Wasser bei seiner Jungfernfahrt am 30. November 1905. Am 17.01.1906 bekam es einen Steuerdefekt, wurde ins Allgäu abgetrieben und beschädigt. Die Presse höhnte, obwohl sich das Luftschiff im Ganzen bewährt hatte. *Einer Welt zum Trotz.*

1906: Zeppelin baut sein drittes Luftschiff, jetzt bekommt er die Technik in den Griff, das Luftschiff zieht über dem Bodensee seine Kreise, majestätisch ist der Anblick am 9. und 10. Oktober 1907 Ein weiteres Modell hat vollen Erfolg, Familie, Freunde, ein ganzes Volk ist mit ihm zufrieden. Das neue Modell ist fertig, es ist größer, misst 138 m, 13.000 Kubikmeter ist die Luftverdrängung. Die Motorenleistung liegt jeweils bei 110 PS, die Schrauben haben eine Umdrehung von 950/Min. Mit diesem Luftschiff wird die berühmte 12-stündige Schweizerreise unternommen.

Juli/Aug. 1908: Ebenfalls mit dem Luftschiff, verbessert in der Steuerung, können nun Fernfahrten in ganz Deutschland durchgeführt werden.

5.8.1908: Echterdingen, das erste große Opfer, die erste Luftschiff-Katastrophe bringt Unglück, aber auch Opferbereitschaft beim deutschen Volk; es hilft dem Grafen durch Spenden in Höhe von sechs Millionen Mark, es geht weiter.

Blimp oder Starr – das war damals eine Glaubensfrage, d. h. gab es zwei Sichtweisen. Heute ist es zwar ähnlich, immer noch gibt es für die eine oder andere Lösung Freunde, doch ich bin überzeugt: Nur Starr-Luftschiffe haben als Verkehrsmittel eine Chance.
Doch noch eine Bemerkung des Grafen hierzu: »Das entworfene Luftfahrzeug soll durch seine Lufttüchtigkeit, durch sein Aktionsvermögen ein wirklicher Beherrscher und kein ängstlicher Eindringling im Ozean der Luft sein, daher muß es ein *Starr*-Luftschiff sein. Es gestattet ferner, Luftschiffe von unbegrenzter Größe zu bauen. Die einen riesigen Aktionsradius und langes Flugvermögen besitzen aber stets ihre äußere Form bewahren.« (Rolf Italiander, *Ferdinand Graf von Zeppelin*)

1909 entstand die DELAG, *Deutsche Luftschifffahrt AG.*, Direktor wurde Hugo Eckener. Diese Gesellschaft brachte neue Aufträge der Luftschiffbaugesellschaft. In diesem Jahr wurde dem Grafen auch kaiserlicher Dank und Triumph in Berlin zuteil. Das Luftschiff war eingeführt und übernahm militärische und zivile Aufgaben. Ebenfalls standen die Luftschiffe im Dienste der Wissenschaft und Forschung. Durch Unfälle und die Entwicklung der Flugzeugindustrie, an der auch Graf Zeppelin teilnahm – er baute noch ein Ganzmetall-Großflugzeug – verlor die Welt das Interesse an den Luftschiffen, doch noch war es nicht so weit.

Die Prallluftschiffe

Prof. August von Parseval, 1861–1942, war Drachen-, Ballon- und Luftschiffkonstrukteur. Er brachte die wesentlichen Impulse in der Entwicklung der Prallluftschiffe und z. Zt. sind es die einzigen, die noch gebaut werden.

1906 konnte das erste Parseval-Luftschiff an den Start gehen. Es wurde von den *Augsburger Ballonfabriken August Riedinger* gebaut, als *PL 1*. Der Luftschiffkörper war 48 m lang, hatte einen Durchmesser von 8,5 m und der Gasinhalt war 2 300 m³. An Leinen war die Gondel befestigt, der Antrieb wurde von einem Daimler-Motor mit 85 PS gewährleistet.

1908: Das größere PL-2-Prallluftschiff wurde im Sommer 1908 fertig, es war 60 m lang, hatten einen Durchmesser von 10,4 m und der Inhalt betrug 4.000 m³.

Der nächste Bau fand in Bitterfeld statt, es wurde für Passagiere gebaut, hatte 5.600 m³ Gasvolumen und wurde von zwei Motoren angetrieben mit je 100 PS. Nach einer Vergrößerung der Hülle war es dann fahrtüchtig. Dieses konnte 1909 auf der *Internationale Luftfahrtausstellung* als *PL 3* vorgestellt werden und nahm anschließend an den Luftschiffmanövern des Heeres teil. Es war ein großer Erfolg für Prof. August Parseval. Das Militär übernahm dieses Luftschiff in den Heeresdienst, dort unter der Bezeichnung *PII*. 1911 wurde es nach einer Havarie außer Dienst gestellt.

1909: Prof. Parseval konstruierte weiter, 1909 erbaute er ein Sport-Luftschiff in Bitterfeld, das *PL 5* von 39 m Länge mit nur einem Ballonett in der Mitte der Hülle. Das Heer bestellte, auch aus dem Ausland, beeindruckt von den guten Eigen-schaften der Parseval-Luftschiffe.

Juni 1910: In Bitterfeld gab es einen Stapellauf, den des *PL 6*, es war 73 m lang, hatte 13 m Durchmesser und einen Inhalt von 6.800 m³. Ausgerüstet mit zwei NAG-Motoren, je 110 PS stark, stieg es zur Probefahrt auf. Es wurde als Passagier-Luftschiff für einen Münchner Auftraggeber gebaut. Neben der Besatzung konnten bis zu 12 Gäste mitfahren. Es folgten größere Projekte Parsevals, bis hin zur letzten Steigerungsstufe, dem *PL 27*. Es war schon durch die aufwendige Konstruktion ein halbstarres Luftschiff mit einer Länge von 160 m.
1917 war es fertiggebaut, seine Nutzlast betrug 16–18 000 kg. Dieses Luftschiff hatte einen Laufgang in der Hülle, hier waren Treibstoff, Ballast und Bomben untergebracht. Es war für das Heer gebaut.

Erwähnenswert find ich, dass diese Bauweise der Prall- und Halbstarr-Luftschiffe an ihre natürlichen Größengrenze stieß. Prof. August von Parseval verstarb am 22. Febr. 1942 in Berlin; er war der Bahnbrecher der heutigen Prall-Luftschiffe.

Oberingenieur Nicolaus Basenach, im Dienste des Luftschiffer-Bataillons, plante und baute das *M*-Schiff. Das Volumen war 1.400 m³ und es war 41 m lang. Es stieg am 7.Mai 1907 auf und zeigte besonders gute Leistungen.

30. Juni 1908: Das zweite, wesentlich größere *M I* stieg zur Probefahrt auf, es hatte 5.000 m³ Volumen und war 71 m lang.

1911 wurden noch weitere Militär-Luftschiffe gebaut, das größte und letzte war das *M IV*, es wich von der bisherigen Bauweise ab, war 96,6 m lang und hatte ein Volumen von 11.000 m³. Direkt unter der Hülle war das Versteifungsgerüst montiert.

1909–1910: Neben diesen Entwicklungen gab es in Deutschland in dieser Zeit noch eine interessante Luftschiff-Konstruktion, das *Schütte-Lanz-Luftschiff*. Es war aus Sperrholz gebaut als Starr-Luftschiff in einer sehr vollkommenen schönen Stromlinienform, die anschließend auch von Zeppelin übernommen wurde.

Nach der Gründung der *Schütte-Lanz OHG* 1909, in den Jahren 1910 und 1911 wurde das erste *Schütte-Lanz-Luftschiff* gebaut. Die Luftschiffe wurden formschöner und windschlüpfriger. Das erste *Schütte-Lanz-Luftschiff* war 131 m lang, bei einem Durchmesser von 18,4 m, gebaut aus Sperrholz. Es waren die ersten Holzkonstruktionen, die von Ingenieuren entwickelt wurden. Hierdurch wurde das Sperrholz bekannt und ein begehrter Baustoff für viele Branchen.

1912–1913 baute *Schütte-Lanz* ein Luftschiff mit einer Länge von 200 m und 23 m Durchmesser bei einer Tragkraft von bald 50 t, da das Sperrholz ein leichtes Baumaterial war. Der Rauminhalt war 56.000 m³. Es wurden über 20 Luftschiffe in Brühl gebaut.

Zu den Anfängen der Luftschiff-Entwicklung der ersten Generation sei auf folgende Bücher hingewiesen:
- *Das Luftschiff: Geschichte, Technik, Zukunft,* von Fred Gütschow, erschienen im Motorbuchverlag Stuttgart
- *Ferdinand Graf von Zeppelin,* Rolf Italiander, Verlag Stadler (dieses Buch hat neben dem Lebensweg des Grafen noch einige typische Zeitzitate)

Auszüge aus dem Buch von Adolf Sager, *Zeppelin*, Stuttgart, 1915:
Die Zeppelin´schen Versuche waren höchst interessant und höchst wichtig. Sie haben aber zweifellos den unumstößlichen Beweis erbracht, dass sich ein Ballon nie praktisch verwertbar lenken lassen wird.

Einige Zitate von Zeitzeugen

Ein hervorragender österreichischer Fachmann in der *Neuen Freien Presse,* Wien:
Trotz allen Scharfsinns und der Geldsummen, die für die Bauweise und Herstellung solcher Spitzballone aufgewendet werden, muß es leider voraussichtlich stets ein fruchtloses Beginnen bleiben, mit den schwächlichen Riesenleibern dieser Ungetüme, gegen schärfere Winde siegreich ankämpfen zu wollen. Der Ballon wird nie eine Geschwindigkeit von 12 m pro Sekunde erreichen, somit 43,2 km/h.

Ein Professor der Technik:
Bei der großen Fläche, die ein Ballon, mag seine Form sein, wie sie will, dem Luftwiderstand darbietet, der sich bei Erhöhung der Schnelligkeit der Bewegung ins Kolossale potenziert, ist eine enorm treibende Kraft nötig. Diese ihrerseits erfordert wieder Mechanismen und Motoren, die unter allen Umständen mehr Gewicht haben, als der gegebene Ballon zu tragen imstande wäre. Die Vergrößerung des Ballons hülfe aber nichts, da dann die Widerstandsflächen abermals größer würden.

Ein sehr bekannter Luftfahrtfachmann:
Ich bin so frei zu behaupten, dass dieses Zeppelini´sche Luftschiff zu nichts anderem führen wird, als zu einem Riesen-Fiasko.

Ein anderer Fachmann in der Zeitschrift für Luftschifffahrt wollte aussprechen, dass er es für ein unnützes Bemühen halte, einen Ballon zu schaffen, der gegen den Wind flöge:

Ein Ballon müsse große Dimensionen haben, wenn er genügend Treibkraft besitzen solle. Da er aber sehr empfindlich und zerbrechlich wäre, könne er nicht zum Flug gegen den Wind eingerichtet werden. Ein praktisch lenkbarer Ballon müsse demnach für immer eine Utopie bleiben. (Kanonenkönig Maxim, 15. Juli 1900, in der Großbritannischen Aeronautischen Gesellschaft.

Ein bedeutender Fachmann sagte damals zu seiner Frau:
Wenn du je hörst, dass ich mich mal mit dem Bau eines lenkbaren Ballons abgebe, dann kannst du sagen, ich bin verrückt geworden.

Der deutsche Kaiser unterhielt sich einmal mit dem Kommandeur der Luftschiffertruppe über die verschiedenen Systeme. Er berührte dabei auch das Zeppelinsche und wollte das Urteil des Offiziers darüber hören. Er solle mit ungeschminkter bayrischer Offenheit reden. Der Offizier überlegte einen kurzen Augenblick, dann platzte er entschlossen heraus: »Majestät, ein – Schmarren!«

Als ich im Jahre 1899 am Hoftheater zu Stuttgart ein Gastspiel absolvierte, saß ich an der gemeinsamen Mittagstafel im Hotel Marquardt. In einer Ecke des Luisensaales fiel mir ein äußerst lebhafter alter Herr auf, der mehreren Offizieren etwas zu demonstrieren schien. Ich fragte meinen Tischnachbarn, ob er den Herrn kenne, darauf antwortete mir der biedere Schwabe, in dem Ton gutmütigen Bedauerns: »Dös isch e Narr – ein Graf Zeppelin! Der guate Mann moint, er könnt´durch d´Luft fahren!«
(Schauspieler Dr. Tyrolt aus Wien)

Wie dachte Zeppelin? Er erklärte: »Wenn Sie mir beweisen, dass ich mich geirrt habe, so werde ich Ihnen dafür von Herzen danken. Ich nehme es keinem Menschen übel, wenn er mich für einen Toren hält. Deshalb weiß ich doch, dass es meine Aufgabe ist, ruhig weiterzuarbeiten und meine Idee, die ich für richtig erkannt habe, weiterzuverfolgen. Wer seine Überzeugung der Nachwelt nicht zum Verständnis bringen konnte, hat das Leben eines Narren gelebt.«

Hugo Eckener, der kompetenteste Fachmann seiner Zeit:
Graf Zeppelin ist wie so mancher Bahnbrecher und Erfinder kein Fachmann gewesen. Er war bekannt als Reiteroffizier von verwegenem Temperament, ehe er Luftschiffkonstrukteur wurde. Seine Art, das Problem anzupacken, war denn auch ebenso kühn wie eigenartig und erregte lebhaftes Kopfschütteln. Anstatt nach hergebrachter Sitte ein Luftschiff zu entwickeln, mit dem man nach alter Aeronautenpraxis auch bei schlechtem Wetter landen könne, dachte er vielmehr an einen Bau, mit dem er solches Landen vermeiden wollte. Er entwarf ein Fahrzeug das durch sein Aktionsvermögen und seine Lufttüchtigkeit ein wirklicher Beherrscher, nicht mehr ein ängstlicher Eindringling im Ozean der Luft sein sollte. Es war ein starres Luftschiff, von dem der Graf diese Qualitäten erwartete. Das fest verbundene metallische Gerippe gestattete, die Triebkräfte am geeigneten Punkte ansetzen zu lassen und hierdurch, sowie durch bequem anzubringende Steuerorgane eine außerordentliche präzise Steuerbarkeit zu erzielen, die nicht durch Eigenbewegung lose mitgeschleppter Massen gestört wird. Es gestattet ferner, Schiffe von fast unbegrenzter Größe zu bauen, die einen riesigen Aktionsradius und langes

Flugvermögen besitzen und stets ihre äußere Form bewahren. Endlich gewährt es die Möglichkeit, alle Hauptorgane des Fahrzeugs, Motoren, Steuerungen, Propeller usw. doppelt, sowie eine Fülle von nützlichen Einrichtungen leicht anzubringen und damit die Betriebssicherheit zu einer unvergleichlich Großen zu machen.

Das Luftschiff *Graf Zeppelin*

Die Zeppeline wurden mit jedem Neubau besser. Eckener war nun die treibende energische Führungsperson, die an sämtliches Personal und sich selbst hohe Ansprüche stellte und die Ideen und Visionen des Grafen zur Effizienz eines pulsierenden Unternehmens brachte. Die Amerikaner verhandelten oft mit Eckener, denn sie wollten in Amerika mit diesen wunderbaren Fernverkehrsmitteln ihren Anschluss in der Welt nicht verlieren. Auch bemühte sich Eckener, von den Amerikanern Helium zu kaufen, denn es gab zu der Zeit nur dort dieses unbrennbare Edelgas. Doch bei allem Verhandlungsgeschick – es war Krieg, die Amerikaner waren Verbündete im anderen Lager – musste Eckener geduldig warten. Als Deutschland den Krieg verloren hatte, musste die Hindenburg als Reparations-Ausgleich den Amerikanern übergeben werden, wodurch das Zeppelinunternehmen in finanzielle Bedrängnis kam und der Vorwärtsdrang Eckeners ausgebremst wurde. Denn dieses wunderbare Luftschiffunternehmen hätte in der alten Tradition weiterentwickeln können müssen – es wäre für die Umwelt ein Segen gewesen, für die Flugzeuge nur eine leichte Bremse.

Um das Bild und die Faszination der Luftschiffidee noch etwas abzurunden, soll hier noch das Buch *Luftschiff Hindenburg* (genehmigte Lizenzausgabe für Bechtermünz Verlag im Weltbild Verlag, Augsburg 1997) empfohlen werden. Die Originalausgabe ist: *Hindenburg, An Illustrted History*, produziert von Madison Press Books, Toronto, Kanada, ins Deutsche übersetzt von Christian Quatmann, Redaktion: Rita Seuß. Die abgebildeten Bilder sind aus diesem Buch.

Die Amerikaner haben weiterhin viel Geld in die Idee gesteckt und suchten eine zukunftsträchtige Lösung dieser Vision, denn sie waren schon davon überzeugt, dass Luftschiffe weltumspannend agieren könnten. Es war bereits geplant, große Flugzeugträger-Luftschiffe einzusetzen.

Ein weiteres Luftschiffbuch als Empfehlung
Giganten der Lüfte von Wolfgang Meighörner, Nebel Sachbuch-Verlag, Erlangen, Hieraus eine zeitgenössische Geschichte, etwas gekürzt wiedergeben: genehmigt für „Die Nase voll", mein letztes Buch.

Ja ist denn das die Wirklichkeit?

Poetische Luftbilder einer Reise nach Pernambuco, 1932, von Heinrich E. Jacob, 1889 – 1967.

»Wer das Luftschiff zum ersten Mal sieht, in seiner weiten, leeren Halle, der erschrickt. Immer wieder geschiet dies; dass einer erschrickt. Denn die Unwirklichkeit dieses Eindruckes ist zu stark. 'Es ist ein Modell' muss der Fremde denken. »Ein Phantom, wie die Mediziner sagen, aus Leinwand und Holz, nur zu Schauzwecken... Das echte Luftschiff muss anderswo sein... Es soll nicht begafft und beschädigt werden!« Da aber lädt man Koffer und Menschen ein in diesen unwirklichen Bau, die täuschende Attrappe rückt einen Schritt näher in das Wirkliche vor. Und auf einmal sieht der Beschauer schwere Steinsäcke am Bauch des weißen, silbernen Wesens hängen und ahnt den Ernst und fühlt die Bedeutung: Dies – und kein anderer! – ist der Körper, der willige, große, eigenbewegte, der eine ganze Schar von Menschen nach Südamerika tragen soll....

An Seilen verlässt das Schiff die Halle. Erst langsam; dann fangen die Vorgespannten, die Menschen, plötzlich zu rennen an. Die Erregung solchen Rennens ist groß – denn Mütter und Schwestern wollen mit, wollen voll heiligen Aberglaubens einen Augenblick die Taue berühren. Mächtig springt ins Violett des Nachthimmels eine Tür auf, schnee-gespenstisch schimmern die Ufer... der Bodensee...

'Loslassen'! ein paar hangende Menschen fallen zurück. Schonhebt es sich. Nicht auf dem Kopf und nicht auf der Flosse: mit allen Teilen gleichzeitig!
(...) Die unter ihm Zurückbleibenden haben hinter dem Lebewohl noch nicht Zeit gehabt aufzuatmen: Da schwimmt es schon fünfzig Meter hoch.
Gaszellen, Gondeln, Leitflossen, Ruder: Versponnene Vielecke aus Draht, Aluminiumträger und Baumwolle. Das alles rennt

nun am Himmel dahin. Der Mensch, der mitgetragen wird, ist kleiner als der indische Treiber zwischen den Ohren des Elefanten. Aber er ist zugleich viel größer. Denn, wie er am Bauche des Lufttieres klebt, hat er all seine Mathematik bei sich und alle seine Künste der Lenkbarkeit, der Elektrizität. Die Form des gewundenen Propellers hat er der Schnecke abgesehen und das Schwanzsteuer der Forelle. Das ganze Tier, mit dem der Mensch fliegt, hat er von unten auf erdacht...

Über Seespiegel und schwarzes Gebüsch geht's. Klein-gelbes Licht aus einsamen Häusern. Dazwischen Schneisen von bleichem Schnee. Eine Stadt: Es ist Schaffhausen. Wir fahren nur 200 Meter hoch, doch den Rheinfall kann man nicht hören. Ebener Propellerlärm – obwohl wir selber ihn nicht vernehmen – drückt von oben wie eine Wand auf alle unteren Geräusche. Zwei Uhr nachts. Da kommt Basel her, wie ein großes Tuch wird es näher gezogen. Laternenblinde Häuserwürfel, riesenlange Straßenfluchten, zementierte Meilen ins Elsass hinein, ins Badische und zur Inner-Schweiz. (...)

Bei Besancon fallen die Augen zu. Im Schlaf fühlt man, wie ein Rückenwind aus Mittel-Frankreich den Zeppelin packt... Doch das Wasser im Glas zittert nicht. Das Luftschiff rennt vor dem Wind daher. Mit der Rhone; durch die Provence. Es ist der Mistral, Nietzsches Freund. Auch unser Freund: Auf flacher Hand trägt er das Schiff dem Mittelmeer zu.

Wir dürfen schlafen. Eckener wacht. Vorne, im Gehirn des Schiffes, steht er, neben dem Höhenruder. Die fünf Maschinentelegrafen zeigen ihr ruhiges Ringsystem. Der Geist regiert, die

Materie bleibt treu. Ein Ruck am Seitensteuer, wie spielend, und die Paternoster-Ketten setzen sich zitternd in Bewegung. Der Führer blickt an den stillen Schultern der bedienenden Steuerleute vorüber. Er sieht in die nächtliche Ferne hinaus. Im halben Dunkel des Navigationsraums, das manchmal von Lämpchen durchstochen wird, kann man Eckeners Züge erkennen. (…)

Am Morgen das Mittelmeer: Himmel aus Atlas, aber in höchster Höhe bestrichen von dünnen Eis- und Cirruswolken. In der kalten Frühsonne gleißt das Meer; und manchmal wirkt es wie schwarzer Stahl.
Noch immer jagt der französische Wind dem Zeppelin nach und schiebt ihn nach Süden. Gleich einer Forelle(….) rennt der Schatten des riesigen Fahrzeugs neben uns durchs Wasser dahin (…). Tief drunten, wie ein getragenes Papier, tanzen Möwen um rotgelbe Klippen. Eine Relieffkarte, überwirklich, schwimmt auf uns zu, grau, bläulich, weinrot. Mit strategischen Schachfiguren. Wie sonderbar klein die Objekte sind! Bauer, Läufer, Springer und Turm…die Balearen! Wären sie es? – Sie sind es. Ein weißer Leuchtturm reicht mit seinem schlanken Zeige-finger in den Zenit des Mittags hinauf. Zwei kleine Menschen stehen auf der Klippe. Dahinter ein Karren mit einem Pferd; Spielzeug eines Riesen Tochter. Wir jagen weiter. Gegen Südwesten. Eine halbe Stunde später; das Meer bekrönt sich mit zornigem Schaum. Zwei Dampfer taumeln bergauf, bergab. Uns aber gilt der Sturm nicht mehr. Ein Druck und wir entschweben ihm. Nach oben! Über ihn hinweg, über seinen Leib hinweg, der schlägt und sich in das Salzwasser eingräbt, fliegen wir gegen Afrika.

Tanger. – Niedrig fährt der Zeppelin über seinen Napf des Hafens dahin. An der Reede liegen französische Schiffe. Vom Land grüßen Gewehrschüsse, die aber kaum hindurchklingen durch die Sphäre der Wirbelmotoren. Weiß steigt über uns der Häuserberg auf, übersät von maurischen Villen. Es ist eine ´Ideallandschaft´, die alles besitzt, wie zu Schulzwecken: montes, flumina, litera… Manchmal gehen sogar Flüsse dem Gestade parallel. Dieses Marokko hat grüne Matten, als sei es die Schweiz, dann plötzlich Tiefen mit überschwemmten Reisfeldern. Immer wieder gewaltige Parks, Moscheen, Schlösser im Dunkelgrünen. Gebüsche mit rotem und graublauem Stein. Im Hintergrund steht das Atlasgebirge, braungold und stumpf, wie ein Uniformtuch. Wir können es nicht anschweben. Zwischen ihm und uns stehen, dicker als die Luft, wie eine Wand, Politik und Verbot.

Cap Sartel! Hier kann man sehen, was kein Schiffspassagier je sah und auch kein Automobilist, kein Berberreiter von seinem Pferd und niemand vom Karawanensattel: wie Afrika nach Süden abbiegt. Aus fünfhundert Meter Seehöhe sieht man es, aus dem Navigationsraum: den Brüsken Umbruch des Kontinents. So stimmen die Karten? Die Karten stimmen! Der Kontinent will nach Westen weiter, aber der Wogenprall lässt es nicht zu. Der Atlantische Ozean treibt hier mit haushohen Wellenzorn gegen die braunrote Steilküste an. In zerschmetterten Jaspisplatten geht das Wasser langsam zurück und wird gleich wieder aufs Neue gesammelt, zum tausendjährigen strategischen Spiel.

Farben! Maßlos verschwenderisch. Kübel von Farben! Auf ihr Maler!- Die Brandung, tausend Meter lang, hat (nur von oben kann man sehen) siebenerlei verschiedenes Grün. Von sanfter Jade bis zum Chrom und dickem fetten Küchengrün sind die Reste jeder Welle, die langgeschuppt zurückflutet, andersfarbig. Was hätte Flaubert um 1850 gesagt, hätte er so auf Ägypten gesehen? Damals gab es noch keine ´Draufsicht´; spätere Maler entdecken sie.

Gleichzeitig mit Bleriot und Wright und deren ersten Kurzflügen entdeckten Pariser Expressionisten, ´man müsse wie aus dem Flugzeug malen´. Doch trieben sie es wie Geometrie; die neuen Farbwerte, die ´von oben´, sind noch garnicht entdeckt. Casablanca mit abenddämmerdem Hafen! Im Westen, wo Madeira liegt, schwimmt ein langer rubinroter Ring, Westpurpur, wie ihn Europa nicht kennt, an manchen Stellen über schwebt von einem hellvioletten Erguss. Die Intensität der Farben nimmt zu; es ist, als wolle die Sonne nicht fortgehen, sondern noch einmal zurückkehren. Plötzlich ist ein so helles Gelb da, als reiße einer ein Streichholz an. Es sättigt sich mit sanftem Rosa, wie man es sonst nur vom Aufgang her kennt. Blaugrün ruht der Himmel darauf, nilgrün, in verdichteter Reinheit, nicht fliehend, sondern sich darbringend. Die Sonne ist schon um zehn Grad hinunter, doch noch immer paradieren die Farben...

Mondnacht über Afrika. Die kalte Kette des Anti-Atlas blitzt manchmal wie polares Eis. In der Funkkabine wimmert die Sendung: Tiefdruckgebiet in der Inner-Sahara. Vierhundert Meter unter uns arbeitet das Meer wie getriebenes Silber. Durch leichten Mondrauch schießt Mogador elfenbeinerne Lichter herüber... Man sitzt im halb offenen Navigationsraum. Man hat den

Kopf in die Hand gestützt und starrt in die weiße Nacht hinaus. Das Herz ist einem schwer vor Glück wie ein Silberklumpen, man fühlt's bis zum Hals... Die Offiziere, man stört sie nicht, arbeiten mit leiser Stimme.

Herrlich! Man ist mit dem fliegenden Schiff ein Stück transparenten Geistes geworden. Irisierend wie Luft und Mond. Aber die überwirkliche Freude dieser hochgestirnten Stunden entspringt nicht allein dem Naturgefühl. Wer jetzt nicht daran denken mag, dass dies auch andere erleben müssten, der besitzt kein Sozialgefühl. Das Luftschiff, das den deutschen Kaufmann in vier Tagen nach Rio bringt, schafft ihm dreizehn Tage Ersparnis; denn der Dampferweg. Hamburg-Brasilien macht gute siebzehn Tage aus... Und doch nur ein einziger ´Graf Zeppelin´? Das ist ein Aristokratismus – und wirtschaft-lich, menschlich, fast unbegreiflich! Denn seit 1926 verhindert keine Beschränkung mehr den Bau von Passagierluftschiffen...Ich rede mit Kapitän Lehmann davon, der mich über den Laufsteg führt, durch das metallische Rückgrat des Schiffes. Alles ist üppig und sparsam zugleich. Die Schmalheit erinnert an Barke und Segel. Überall Drähte für die Hand. Über dem Kopfe die Gasballons. Zweihundert Meter Weg, neben Tanks, Benzinreservoiren und Wassersäcken. Traumhaft bewegen sich hier die Sehnen, die Gelenke des Riesenfisches, die dünnen Drahtbündel zum Seitensteuer, zum Höhensteuer, die vom Gehirn aus, der Navigation, bedient werden. ´Das Geld fehlt` sagt traurig Kapitän Lehmann. ´Vor dem Kriege waren wir reich, aber noch nicht weit genug, um Übersee-Luftschiffe zu bauen. Heute haben wir die Erfahrung – aber wir sind eine arme Nation.´

Da! Eine Lücke im Ballonstoff! Ein jähes Fenster in Fahrtwind und Nacht... Wer das erlebt hat, kann nie wieder arm sein: die salzweiße Küste Westafrikas, menschenleer, tierleer wie der Mond. Wir schweben auf Gewehrschussweite an ihr entlang – nach Süden! Noch nie fuhr Eckener diesen Weg. Sonst flog er zu den Kanarischen Inseln. Wenn eine Landschaft staunen könnte; Brandungswellen, Steppe und Mond müssten uns und unser Schiff für den ʼfliegenden Holländernʼ halten. Der Kontinent! Der Kontinent! Heute lässt er den Eckener nicht los. Er magnetisiert uns, als müßten wir Afrika immerdar umkreisen... Wachen wir morgen in Kapstadt auf?

Zwei Stunden später: Die Sonne kommt. Weißer Nebel. Wo sind wir denn? Was sind das für Wellen unter uns? Gelb-rote Dünnung... das ist ja Sand! Wir kreuzen über Rio de Oro, über der spanischen West-Sahara. Ungläubige reiben sich die Augen. Wir sind noch immer in Afrika? Wir wollen doch nach Amerika? Der Führer, im weißen Tropenanzug, lehnt aus dem Fenster des Eßsalons. ʼFrühstücken Sie getrost, meine Herren!ʼ sagt er und läßt das Glas von den Augen(...) Eine kleine Raddrehung: Der Zeppelin verläßt die Südrichtung und wendet sich steuerbord gegen Westen. Der Nebel reißt. Da blaut schon das Meer: Afrika, Afrika, leb wohl!

Äquator. – Wasser und Tropensonne. – Nachts strichen wir durch den Regengürtel der warmen Kalmen. Der Morgen ist frisch. – Wie hoch fliegen wir? Der Augenschein täuscht. Wir glauben uns vierzig, fünfzig Meter über dem ruhigen, stahlblauen Meer. Aber eine geworfene Flasche, die lange fällt und

nicht aufhört zu fallen, belehrt uns: Wir müssen viel höher sein.
Tatsächlich sind es sechshundert Meter.(…)
Brasilien.

Da. Eine Kante im Mittag! Langes Gestade. Der Horizont, blaugrau zunächst, erfüllt sich mit Grün. Welch eine tiefe Sammetfarbe verkündigt da den Erdteil! Flögen wir tiefer, wir merkten den Duft… Schon kommen die ersten Vögel entgegen. Es ist wie in der Kolumbus-Sage: Grün, Grün, ein Schild aus unendlichem Grün, vor dem eine weiße Borte entlangläuft (zehntausend Kilometer Brandung!), rückt neben den blauen Buckel des Meeres. Grün vertreibt Blau. Eine Palmenherde, geneigt wie trinkende Giraffen, fegt unter uns hin… Amerika! Land! Land nach fünfundsechzig Stunden! – ′Nur noch zwei Stunden bis Pernambuco!′antwortet′s aus der Führerkabine.

Mächtiges Land unter unserem Schiff. Einer ebenen Tafel vergleichbar; und achtzehnmal so groß wie Deutschland. Aber nur halb soviel Einwohner. Land einer Zukunft, Brasilien! … Wir brausen über die grüne Wildnis, die braune, kräftige Arme hat: strömende Wassertäler im Wald. Geschwungene Flussbänder, üppig geschweift, verlieren sich in den Westen hinein. Im Osten, wo sie zusammenströmen, sind sie die Mündung des Pavahyba. Ein Ozean aus Palmen umsteht sie und ist von undeutbaren Laubkuppeln. Die Vögel, die sich daraus erheben, taumeln wie große Brasil-Schmetterlinge. Überall Wasser zwischen dem Grün: Auf den fast schwarzen Waldströmen und ihren teichartigen Fortsetzungen, die wie Lagunen neben dem Meer stehen, schleppen sich träge die Holzlasten hin.

Der Wald nimmt ab. Dickichte, Sümpfe, Rohrpflanzungen, Hütten. Schon städtische Villen? Eine prächtige Wallfahrtskirche schwebt auf einem Hügel vorbei. Unendliche Gemüsegärten. ʼHafen Pernambuco in Sicht!ʼ Kaum ist der Satz ins Bewusstsein gedrungen, da erobern wir die Stadt schon. Brausend, mit sämtlichen Motoren, fallen wir von der Landseite ein ... Da bricht auf Erden der Irrsinn aus.

Ein Kranz von Sirenen alarmiert die Hafenbehörden, die Schiffe, die Kais. Die Tiere in den Vorstädten, entsetzt über den hinschießenden Drachen, der droben nach Beute zu spähen scheint und ihnen die liebe Sonne verdunkelt, beginnen verzweifelt nach Rettung zu suchen. Hahn und Hühner packt es zuerst, dann flüchten Ziegen, Schafe und Rinder; die Panik reißt die Hunde mit; alles stürmt ziellos übers Feld... Wir gehen tiefer, der Aufruhr wächst. Eine Brise von hellen Kinderstimmen schlägt uns entgegen – und, ach, dieser Duft! Das muß Geruch von Zuckerrohr sein... und Hauch von märchenhaften Savannen. Geliebte Erde! – Auf einer Weide hat der Schatten des Zeppelins eine Koppel Pferde zersprengt. Sie bäumen, jagen, einige stürzen; Hirten, wie aus Indianerbüchern, preschen hinter ihnen her. Zwei Kühe mit aufgeworfenem Schweif rasen durch einen Gemüsegarten und brechen in ein Villentor ein. Automobile machen Halt. Quer über den Landstraßen stehen Menschen. Es hupt, es tutet, es winkt. Die Kinder, jetzt deutlich: ʼConde sep – pel – liiiin!ʼ

Schon sehen wir den Ankermast und rings um ihn, wie in runder Arena, hundert Menschen in Khaki warten. In römischen Ziffern hat man groß die Bodentemperatur aus-gelegt: XXXII Grad

Hitze. Das heißt: ´Seid wachsam! Berechnet den Abstieg richtig! Kalkuliert den Aufwind des Bodens ein!´
Aber noch landen wir keineswegs. In langer, silber-gedrehter Wendung fährt `Zeppelin´ noch einmal auf´s Meer und salutiert mit den deutschen Farben der Stadt, in die er herabgehen will. Von Kirchtürmen, Hochhäusern, Dachgärten winkt es, aus Hütten und überschwemmten Feldern... Die Landung wird zur Luftprozession. Der Flug, mit verlangsamten Motoren, wird zur majestätischen Schleppe: Hinter sich sammelt sie die Bewunderung der Straßenschluchten, der Nachmittagskorsos.

Die Motoren schweigen, das Luftschiff ruht. In einer Höhe von hundert Metern ruht es wie auf einem Postament. In unbewegter Sicherheit... Es wird gewogen; in der Luft wird mathematisch nachgemessen, wie sich Gas und Ballast verhalten... Wir sinken! Der Khakikreis wird lebendig. Sind das nicht Schwarze? Den Kopf im Nacken, rennt eine Rotte übers Feld, nähert sich, wird zurückgewarnt. Zwei Seilharpunen schießen nieder und prallen auf die Wiese auf. Man erkennt die Gesichter, die blankgeschwitzten, die lachenden Augen, die Zahnreihen der brasilianischen Soldaten. Vierzig...dreißig...noch zwanzig Meter! Eine neue Seiltrosse wird geworfen, mit Hölzernen Knebeln, sie werden gepackt! Am Heck entlädt sich ein Staubach von Wasser, vorne wirft sich alles ins Seil. Noch schwebt das Luftschiff, doch es wird schon gezogen. Zurufe: *Sorta!* und *Larga!* ertönen. Wir sind nur drei Meter über dem Boden. Eine Front von Mulatten und Weißen, von schönen Indios in Uniformen, kommt steuerbord, eine andere backbord. Ein kräftiger Schwarzer erklettert im Sprung die Schultern seines Nebenmannes und

hängt, laut rufend sein Gewicht an den landenden ´Zeppelin´.
Noch einmal will das Schiff auf die Seite – da entern es viele,
da halten sie es, da drücken sie es gegen den Boden und schie-
ben den Riesen zum Ankermast: Gulliver im Lande der Zwerge.

Die Leiter!... Die Einwanderungskommission hat die große
Speisekabine erobert; sie sitzt auf den Stühlen, sie schreibt am
Tisch, läßt Pässe vorzeigen und Stempel krachen. Von draußen
sieht die Wiese herein, mit breiten, weiten Tropenhüten. Braune
Frauen, die Kinder im Arm... Wir wischen uns die schweißnasse
Stirn. Ja ist denn das alles Wirklichkeit? Wir waren am Sonntag
in Friedrichshafen, noch schmecken unsere Augen den
Schnee. In der Nacht zum Montag fuhren wir ab, – wir können
doch nicht am Mittwoch Nachmittag, achtundsechzig Stunden
später, plötzlich in Brasilien sein? Aber wir sind es – und wun-
dern uns sehr. Und da wir jetzt herausklettern dürfen und diese
Hochsommerwiese streicheln, klettert Eckener als erster heraus. (...) Ach, wie die Wiese duftet. – Bom dia!(GutenTag)

Diese Kurzfassung meiner
Luftschiffgeschichte ist nur
ein kleiner Einblick und die
technische Erklärung zum
Thema. Es ist kein faszinie-
render Roman, doch die
von mir geplanten Luft-
schiffe und Bauplatten für
den Hausbau schon.

Ein Erfinder wird nur belohnt, wenn seine Visionen umgesetzt
werden. Das gilt für sämtliche Produkte, die unser Leben ver-
einfachen, schöner machen, sozialer gestalten.

Wir alle, Sie und ich sind verpflichtet, unsere Welt zu erhalten
und zu pflegen, besonders bei unserer Entwicklungsgeschwin-
digkeit.

Ich habe in meinem ersten Buch noch einige weitere Visionen
erklärt, die unsere globalisierten Probleme entschärfen könnten. Bitte lesen Sie auch diese, das Buch habe ich unter dem
Titel *Die Nase voll – Technik überwindet Armut* veröffentlicht.
Sehen Sie sich auch meine Seite www.dienasevoll.com an. Nur
wenn wir alle uns auf die Aufgaben konzentrieren, finden wir
gute Lösungen. Die Weltbevölkerungsentwicklung befindet sich
nach Tausenden Jahren langsamer Entwicklung inzwischen in
der Steilkurve: 1900 waren es 1 Milliarde Menschen, 1950 2,5
Milliarden, 2000 bereits 6,3 und im vorigen Oktober bereits über
7,0 Milliarden Menschen. Welche Welt wollen wir den nächsten
Generationen hinterlassen? Wir müssen die CO_2-Belastung
stark reduzieren, es geht nicht anders. Ebenfalls die Ressourcen behutsamer verwalten, sparen, wo es uns durch Umdenken

und neuen Produkten wie dem Leichtbau kaum wehtut, es nur an unseren Entscheidungen liegt. Umdenken ist wichtig. Schüler gehen zurecht auf die Straße, statt in die Schule, um uns wach zu rütteln. Sie kämpfen für *Ihre* Welt, sie wollen leben können, in der Welt, die wir hinterlassen. Meine Visionen helfen, sie sind natürlich nur ein geringer Beitrag zur Entschärfung, jedoch ein entscheidender, denn *von Punkt zu Punkt ohne Ressourcenverbrauch* und wohnen ohne Heizmittel und den Strom im Haus selbst über die Solartechnik nutzen, das sind unglaubliche Potenziale.

Die wesentlichen Elemente der Neuen Luftschiffe sind; noch einmal zusammengefasst: Luftschiffe als

- Katastrophenhilfe bei AKW-Unfällen, Erdbeben, Überschwemmungen
- Feuerlöscher der großen Waldbrände
- Großtransporter für die Infrastrukturen der weiten Welt
- neuer Marktplatz, besonders in armen Staaten
- Startbasis in den Weltraum, um Treibstoff zu sparen und zu forschen

Es kommt auf viele gute Taten und Ideen an. Helfen Sie mit, die Welt ein wenig zu verbessern.

fritz.wirtz@dienasevoll.com
f.wirtz@wirtz-composite.de